提升幸福指数的情商宝典 塑造女神风范的内涵读本

女孩的第一本情绪情商书

你若不生气
人生便是晴天

马永霞◎编著

Qing Xu Qing Shang

那些年，我们犯的都是情绪失控的错；那些年，我们吃的都是乱发脾气的亏。
女孩天生很敏感，因此常被贴上“情绪化”的标签。然而情绪的好坏，关系到事情的成败。
女孩控制好情绪，是幸福生活的源泉，也是人生好命的关键。

中国纺织出版社

内 容 提 要

相较于男孩而言，女孩更容易多愁善感，难过、害怕、孤独、嫉妒等负面情绪也更容易产生，所以在女孩成长的过程中，情绪管理是一件十分重要的事。

本书从日常生活出发，用生动的情绪故事带动女孩的阅读兴趣，帮助女孩正确认知情绪、理解情绪和表达情绪，使每个阅读过本书的女孩都能够拥有快乐阳光的心情，积极乐观地面对生活。

图书在版编目(CIP)数据

女孩的第一本情绪情商书/马永霞编著.—北京：中国纺织出版社，2016.3（2024.1重印）

ISBN 978-7-5180-2286-1

Ⅰ.①女…　Ⅱ.①马…　Ⅲ.①女性—情绪—自我控制—青年读物②女性—情商—青年读物　Ⅳ.①B842.6-49

中国版本图书馆CIP数据核字(2016)第013392号

责任编辑：闫　星　　责任印制：储志伟

中国纺织出版社出版发行
地址：北京市朝阳区百子湾东里A407号楼　邮政编码：100124
销售电话：010—67004422　传真：010—87155801
http://www.c-textilep.com
E-mail:faxing@c-textilep.com
中国纺织出版社天猫旗舰店
官方微博 http://weibo.com/2119887771
永清县晔盛亚胶印有限公司印刷　各地新华书店经销
2016年3月第1版　2024年1月第5次印刷
开本：710×1000　1/16　印张：16
字数：220千字　定价：48.00元

前言

关于女人，似乎永远有说不尽的语言，月光下水嫩的美人蕉，芙蓉树上红硕的花朵……但真正美丽的女人如一潭清水，无论何时都给人一种娴静之感。做一个娴静的女子，就需要有良好的情绪。

每一个二十来岁的女孩，自从你离开学校，就要进入职场，接受社会的磨练，开始实现自己的价值。在这个过程中，你会遇到一些快乐的、痛苦的、悲伤的、愤怒的，甚至是绝望的事，你也就因此产生不同的情绪。女孩们，想必你会有这样的体会：当你心情愉悦时，你精神劲儿十足，就连平时不愿从事的烦琐的家务事也都主动去做，你看什么人都觉得顺眼，即使对方是你曾经讨厌的人；而当你心情不好时，你会食不知味，甚至夜不能寐。情绪的影响力由此可见。面对繁忙的工作和生活，一些女孩感到筋疲力尽，甚至成为情绪的奴隶，她们会为此感叹："做人真难，做一个面面俱到的好女孩更难。"

不得不说，人都是情绪化的动物，相对于男性和成熟女性来说，年轻女孩更易情绪化。作为一个初入社会的女孩，你需要学习的社会经验和专业知识有很多，但前提是你必须学会控制自己的情绪。

要知道，一个善于控制情绪的女孩，可能不是最聪明、最漂亮或者最有才华的，但确是能正确认知和管理自我的，也是懂得审时度势和灵活变通的，她总能在各种场合中都做到游刃有余。

一个善于控制情绪的女孩，无论在什么样的境况下都保持微笑，从她的脸上，你看不到一点失望和沮丧，她们对生活、对工作也总是充满着热情，在她身上，积极乐观的天性被发挥得淋漓尽致。

一个善于控制情绪的女孩，有着强大的感染力，她不仅在日常生活中能够做到轻松快乐，即便在竞争激烈的职场中，也同样能够做出很出色的成绩。只要有她在，我们就能感受到满满的正能量。

同样，她能在爱情中时刻保持着清醒理智的头脑，不与爱人斗气。即便在这爱情或婚姻的过程中，并不那么顺利，她总是能很好地处理其中的问题，使之得到圆满的解决。

可见，一个女孩，学会了控制自己的情绪，就会走向优秀。也许你会羡慕她，但这种能力不是天生就有的，而是可以通过后天有意识地培养、修炼获得的。本书就全方位地为涉世未深的女孩们提供了控制情绪的方法，希望能对那些希望培养自己好情绪的女孩们有所帮助。

任何一个二十来岁的女孩，你只有善于控制自己的情绪，才能找到自信的源泉，走向成功的彼岸；同样，也只有善于控制情绪，才能找到开启快乐的钥匙，拥有幸福快乐的人生。事实上，掌握快乐的钥匙在你自己的手中，读好此书，你就能握住自己的快乐钥匙，这样，你不仅能自己得到快乐，还能将快乐和幸福带给别人。

编著者

2015 年 9 月

目录

第 1 章

世界如此美妙，女孩不应烦躁

人是情绪化的动物，七情六欲，人皆有之。高兴时开怀大笑甚至手舞足蹈，愤怒时咬牙切齿甚至暴跳如雷，忧会茶饭不思甚至整彻夜难眠，悲会心情抑郁甚至痛心疾首。相信每个二十来岁的女孩，都希望人生路上总是拥有好心情，但人生本身就如天气，不但会有晴天，还有阴雨天。事实上，你无法改变天气，但却可以拥有一颗坦然之心，学会掌控情绪，也就掌控了自己的命运。否则，命运只会被情绪掌控。

女孩成长的第一步是做好自我情绪管理

情绪是人与生俱来的一种心理反应，如喜、怒、哀、乐，易随情境变化。人在日常生活中免不了会出现好情绪和坏情绪，如果不能很好地调节并保持情绪平稳，势必会陷入一种痛苦的泥潭之中。事实上，一个人是否成熟的标志也就是其是否能做到控制自己的情绪，比如，不少二十来岁的女孩，没有什么社会经验，根本就不知道什么对自己是有利的，什么是有害的，于是，她们高兴了就笑，伤心了就哭，生气了就闹。然而，等她们成熟并能对自己所做的事情负责以后，如果仍然不明白这一点，那么，这些女孩的麻烦就会越来越多，她们也会经常生活在苦恼里。

弱者任思绪控制行为，强者让行为控制思绪。任何一个初入社会的女孩，你必须要知道，在通往成熟的路上，管理情绪可是一个重要关卡。情绪的把关也是你修养的一个重要部分，很多时候，情绪的失控成了女孩的修养和品质的败笔。

琪琪是一家外企公司的职员，她心地善良，虽然才来公司半年，但却得到了很多同事的认可。可是令她不明白的是，为什么许多和自己一起进公司的同事都晋升了，而自己还在原来的位置上原地不动。

有一次，公司准备派一个女职员去接待合作公司的代表，琪琪想："这次该是我去了吧，我是公司外语最好的，该没有理由不让我去了。"可是，第二天，公司还是没让她去，而是让一个学历比她低的同事去了。这让琪琪很不舒服，这次她再也忍无可忍了，准备找主管问清楚。当她正准备进主管办公室时，在门外听到主管和经理的对话。

"经理，这样不好吧，琪琪的确能力挺强的，这次是不是太伤她的心了。"

"就她那个火爆脾气，万一她和合作方的代表两句话不对头吵起来怎么办？我可不能让她砸了公司的生意。你们有时间也多去劝劝琪琪改改自己的脾气，能力好也总不能工作情绪化，这是我们公司员工必备的素质和修养。”

这些话被门外的琪琪听见了，她终于知道自己的致命弱点了，怪不得以前大家都说在这这家公司必须得养个好性子，否则别想升职，她算是明白了。

后来，琪琪尝试着控制自己的情绪，读了很多修身养性的著作，一段时间以后，她的谈吐果然不一样了，整个人的气质也由内而外改变了很多。不到几个月，这些改变都被领导看在了眼里，当然她的晋升梦实现了，关键的是，她的品质和修养得到了提升。

很多人说修养是一个女性综合素质的重要部分，女性的美丽需要外衣来包装，而她的气质和品质则需要修养来包装。修养好的女孩总能让人眼前一亮，似春风般温暖着周围的人；而一个让情绪的野马肆意乱闯的女孩就是一颗不定时炸弹，随时会爆炸，伤着自己，而被炸的还有别人。

可见，一个成熟的女孩应该有很强的情绪控制能力。无论遇到什么事情，哪怕是违背自己本意的事情，都得控制自己的情绪，不能有过激的言行。唯有如此，才能成就大事，从而达到自己的目标。

生活中初入社会的女孩，若能控制好自己的情绪，操纵好情绪的转换器，不仅会显其大家风范，获得别人的尊重和敬仰，也会收获很多快乐。

可能一些女孩会问，该如何提升自身的情绪管理能力呢？以下是专家提的几点建议：

1. 要愿意观察自己的情绪

不要抗拒做这样的行动，以为那是浪费时间的事，要相信，了解自己的情绪是重要的领导能力之一。

2. 要愿意诚实地面对自己的情绪

每个人都可以有情绪，接受这样的事实才能了解内心真正的感觉，更合理地去处理正在发生的状况。

3. 问自己四个问题

我现在是什么情绪状态？假如是不良的情绪，原因是什么？这种情绪有什么消极后果？应该如何控制？

4. 给自己和别人应有的情绪空间

给自己和别人都停下来观察自己情绪的时间和空间，这样才不至于在冲动下做出不适当的决定。

5. 替自己找一个安静身心的法门

每个人都有不同于他人的方法使自己静心，都需要找到一个最适合自己的安心方式。

情绪调控法：

一个善于管理情绪的女孩，更容易保持平静和愉快，即使遭遇低潮也会乐观地应对，能承担压力，而成为自己生活的主宰。她容易理解别人，能够建立和保持和谐的人际关系，即使与人产生矛盾，也能有气度地以建设性的方式解决。这样的能力，决定了她一生的幸福和成功。

正确分析自己的情绪类型

情绪是一种生理应激反应，是人在受到外界事物刺激后的复杂心理变化。中国古代有诗歌这样描述："月有阴晴圆缺，人有悲欢离合。此事古难全。"就是说自然界事物有变化，我们的内心世界也有起伏，月亮不会一直圆满，我们的情绪也不会一直良好。

我们日常生活中的活动，在多大程度上受理智的控制，又在多大程度上受情绪的支配？在这方面，人与人之间存在着很大的差异，这里面气质、性格、情绪、阅历、素养等都起着一定的作用。

对于社会经验尚浅的女孩，你也只有认清自己情绪的类型，发挥理性的控制，才能实现情绪反应与表现的均衡适度，确保情绪与环境相适应。

心理学家将人的情绪类型简单分为以下三个类型：

理智型：很少因什么事而激动，表现出很强的克制力甚至冷漠；对他人的情绪缺乏反应，感情生活平淡而拘谨，因此常会听到别人在背后说你是“冷血动物”，你需要放松自己。

琳达是个多愁善感的女孩，虽然她才 20 岁，但她已经显得老态龙钟了，她从来不与朋友一起出门玩，而是一个人窝在沙发里，一言不发地凝神静思，有时还莫名其妙地唉声叹气。在长吁短叹中，琳达已步入中年。

有一次，她看一本心理学书籍，书中的女主人公和自己太像了，好奇心驱使她继续看下去。书中，主人公向一个心理学家倾诉了自己的苦恼，而心理学家却一语道破了其中的原因：“你已经三十几岁了，但你有反思过过去吗？你过去之所以从未快乐过，关键在于你总把已经逝去的一切看得比实际情况更好，总把眼前发生的一切看得比事实更糟，总把未来的前景描绘得过分乐观，而实际却又无法达到。如此渐渐地形成了恶性循环，自然就钻入‘庸人自扰’的怪圈了。”

看到这里，琳达才发现，一直以来，自以为成熟的自己，却一直在做不成熟的事。

平衡型：情绪基本保持在有感情但不感情用事、克制但不过于冷漠的状态；即使在很恶劣的情绪下握起拳头，也仍能从冲动情绪中摆脱出来，因此，很少与人争吵；感情生活十分愉快、轻松。

冲动型：非常情绪化，易激动，反应强烈；往往十分随和、热情，或者感情脆弱、多愁善感；可能常会陷入那种短暂的风暴似的感情纠纷中，因此，麻烦百出；别人若想劝你冷静，是件很难的事。这里有必要提醒你，一定要克制自己。

那么，我们该如何认识自己的情绪类型呢？女孩，以下几种方法有助于你了解自己的情绪：

1. 记录法

做一个自我情绪的有心人。你可以抽出一至两天或一个星期，有意识地留意并记录自己的情绪变化过程。可以以情绪类型、时间、地点、环境、人物、过程、原因、影响等项目为自己列一个情绪记录表，连续地记录自己的情绪状况。回过头来看看记录你就会有新的感受。

2. 反思法

你可以利用你的情绪记录表反思自己的情绪；也可以在一段情绪过程之后反思自己的情绪反应是否得当：为什么会有这样的情绪？这种情绪的原因是什么？有什么消极的负面影响？今后应该如何消除类似情绪的发生？如何控制类似不良情绪的蔓延？

3. 交谈法

通过与你的家人、上司、下属、朋友等进行诚恳交谈，征求他们对你情绪管理的看法和建议，借助别人的眼光认识自己的情绪状况。

4. 测试法

借助专业的情绪测试软件工具，或是咨询专业人士，获取有关自我情绪认知与管理的方法建议。

情绪调控法：

一个人能不能成功的决定因素，不在于他拥有多少条件，而在于他如何评价自己，这种自我评价也决定了别人对他的评价。在人们的生存和发展过程中，情绪常伴随左右，年轻女孩学会了解自身的情绪类型，有助于你更好地掌控自己的情绪。

女孩给自己做一个情绪稳定力测试

我们先来做一套测试题：

1. 你从柜子里拿出昨天刚买的连衣裙，再看看，你觉得它怎样？

A. 觉得不称心　　B. 觉得很好　　C. 觉得可以

2. 在某个时刻，你是否会想到若干年后会发生一些不安的事？

A. 经常想到　　B. 从来没想到　　C. 偶尔想到

3. 你的同事、朋友或者同学是否拿你开涮过？

A. 这是常有的事　　B. 从来没有　　C. 偶尔有过

4. 你已经准备上班去了，但出门前，你是否会担心门没锁好、窗户是否关好等？

A. 经常如此　　B. 从不如此　　C. 偶尔如此

5. 对于你和你最亲密的人的关系，你满意吗？

A. 不满意　　B. 非常满意　　C. 基本满意

6. 半夜醒来，你经常会有害怕的感觉吗？

A. 经常　　B. 从来没有　　C. 极少有这种情况

7. 你会经常做噩梦然后惊醒吗？

A. 经常　　B. 没有　　C. 极不

8. 你是否曾经有多次做同一个梦的情况？

A. 有　　B. 没有　　C. 记不清

9. 有没有一种食物使你吃后呕吐？

A. 有　　B. 没有　　C. 偶尔有

10. 除去看见的世界外，你心里有没有另外一种世界？

A. 有　　B. 没有　　C. 说不清

11. 你心里是否时常觉得你不是现在的父母所生？

A. 时常　　B. 没有　　C. 偶尔有

12. 你是否曾经觉得有一个人爱你或尊重你？

A. 是　　B. 否　　C. 说不清

13. 你是否常常觉得你的家庭对你不好，但是你又确知他们的确对你好？

A. 是　　B. 否　　C. 偶尔

14. 你是否觉得好像没有人理解你？

A. 是　　B. 否　　C. 说不清楚

15. 秋天的早晨，当你起床时，你的第一感觉是什么？

A. 秋雨霏霏或枯叶遍地

B. 秋高气爽或艳阳天

C. 不清楚

16. 你在高处的时候，是否觉得站不稳？

A. 是　　B. 否　　C. 有时是这样

17. 你平时是否觉得自己很强健？

A. 否　　B. 是　　C. 不清楚

18. 你是否习惯了一回家就把房门关上？

A. 是　　B. 否　　C. 不清楚

19. 你坐在小房间里把门关上后，是否觉得心里不安？

A. 是　　B. 否　　C. 偶尔是

20. 当一件事需要你做出决定时，你是否觉得很难？

A. 是　　B. 否　　C. 偶尔是

21. 你是否常常用抛硬币、玩纸牌、抽签之类的游戏来测凶吉？

A. 是　　B. 否　　C. 偶尔

22. 你是否常常因为碰到东西而跌倒？

A. 是　　B. 否　　C. 偶尔

23. 你是否需用一个多小时才能入睡，或醒得比你希望的早一个小时？

A. 经常这样　　B. 从不这样　　C. 偶尔这样

24. 你是否曾看到、听到或感觉到别人觉察不到的东西？

A. 经常这样　　B. 从不这样　　C. 偶尔这样

25. 你是否觉得自己有某种超能力？

A. 是　　B. 否　　C. 不清楚

26. 你是否曾经觉得因有人跟你走而心理不安？

A. 是　　B. 否　　C. 不清楚

27. 你是否觉得有人在注意你的言行？

A. 是　　B. 否　　C. 不清楚

28. 当你一个人走夜路时，你是否觉得后面有人跟踪？

A. 是　　B. 否　　C. 不清楚

29. 听到有人自杀了，你有什么想法？

A. 可以理解　　B. 不可思议　　C. 不清楚

以上各题的答案，选 A 得 2 分，选 B 得 0 分，选 C 得 1 分。请将你的得分统计一下，算出总分 。得分越少，说明你的情绪越佳，反之越差。

总分 0～20 分，表明你情绪基本稳定，自信心强，具有较强的美感、道德感和理智感；你有一定的社会活动能力，能理解周围人们的心情，顾全大局；你一定是个性情爽朗、受人欢迎的人。

总分 21～40 分，说明你情绪基本稳定，但较为深沉，对事情的考虑过于冷静，处事淡漠消极，不善于发挥自己的个性；你的自信心受到压抑，办事热情忽高忽低，瞻前顾后，踌躇不前。

总分在 41 分以上，说明你的情绪极不稳定，日常烦恼太多，使自己的心情处于紧张和矛盾中。

如果你得分在 50 分以上，则是一种危险信号，你务必请心理医生进一步诊断。

生活中的每个年轻女孩，都可以通过以上这些测试题来检测出自己的情绪稳定力，了解这一点，才能对症下药，从而在日常生活中对自己进行情绪调控。

情绪调控法：

每个年轻女孩都应该了解自己的情绪是否稳定，如果你的情绪不稳定，那么，最好学会放松或控制，最终达到平衡型情绪的目标。无论是放松还是控制，都是让情绪向更有利于你的方向发展。

有修养的女孩不要让愤怒玷污你的形象

生活中的年轻女孩，在你的身边，可能会有这样一些修养良好的人，她们总是能掌控自己的情绪，即使面对他人的恶意攻击。因此，她们通常会在最短的时间内找到怒火之源，并将其彻底消灭，而这样的人也能得到他人的认可。因为她们不会让自己的负面情绪伤害到身边的人，同时，也成就了自己美好的修养和品质。

人们常说，有修养的女人心胸宽广，自然也就不会因为一点点小事愤怒，她们会以微笑和包容对待侵犯的人。而很多女人总是以牙还牙，骂的脸红脖子粗还不肯罢休，其实她们不知道，背后已经有很多人在议论自己了，自己的形象早已荡然无存。

因此，每个二十来岁的女孩，若是希望给他人留下良好的形象，也就要学会管理自己的情绪，决不能让愤怒玷污你的形象。

小徐是一家医院的护士，在一天的日记中，她这样写道：

周六那天早晨来了一个女的带一个小孩来挂水，那女的穿的还有模有样的，没想到素质很差。那天天气一点都不热，大概只有27摄氏度。她一来也不考虑其他病人的感受就把输液室的空调打开了，而且还把门窗全开了。我就说："你开空调至少要把窗户关一下。"我没觉得我说了什么过分的话，那女的立马来一句："好玩呢，不是你来关了吗？你自己的事情不做，要我做啊？"听到这话，我真气的够呛，但是我还是忍了，毕竟有其他病人在，吵起来对其他病人也不好，我就没讲话走了。过了10分钟陆续有病人换地方挂水了（都嫌冷），有的病人就讲那女的素质差。不知道她是听到了病人的议论还是自己觉得冷了，就把空调关了。关了空调之后，刚好我在给一个病人挂水，她趾高气昂地来一句：“哎，等你弄好，过来把窗户打开。”我听的气死了，她一副命令的口气。刚好那会很忙，我自然是没理她。我也生气，凭什么帮她开窗户啊，她又不是病人，何况那么傲气。又过了10分钟，她居然很没修养地冲到我们治疗室来了，冲着我就来了句：“你忙好了吗？忙好了还不来开窗户。我们客人到你家来还要我们自己开窗户啊！”当时真的很想骂她，想想算了，跟这种没有修养的人计较只能显得我的修养也不高。说实话，工作这么多年，这种女人还第一次碰到，素质太差了。

从小徐的日记中可以看出，她的确很生气，可是她没有对那个女人发火，没有愤怒，从而保全了自己的形象。相反，如果面对这样一个素质差的人，与其“对着干”，或许她能泄一时之气，可是事后呢，医院的人会认为小徐的修养不好，品质不好，也给人留下一个“泼妇”的形象。

从这里，女孩，你可以看明白的是，愤怒时随便发泄会损坏人际关系，也伤害自我形象。但如果强控愤怒，对身心健康不利。当自己怒火中烧，或者成为别人发泄愤怒的目标时，怎么办？你可以遵循以下这几个步骤消除怒火：

首先，放慢语速，调整心情。

如果你在说话，可以试着让自己的呼吸均匀下来，然后作自我暗示：“放松，冷静。”如果你的情绪很激动，那么，你不妨先闭上眼睛，然后想想让自己高兴的其他事情，并尝试着站在其他人的角度审视自己的行为，慢慢地你就能冷静下来了。

再者，抑制怒火，冷静反应。

当有人朝你大喊大叫或者用语言攻击你的时候，你怎么做？你是以牙还牙还是置之不理？对于这种情况，你无法控制对方的行为，但可以调整自己的行为。此时，你完全可以不做出任何回应。你的反击只会激发对方的挑战情绪，只会让事情更糟糕。而对其不予理睬，对方便失去了愤怒的“燃料”供应，想燃烧也难了。

其次,自我审视,找到愤怒原因。

等你冷静下来后,要问自己,是什么让你愤怒?找到原因,你就能想办法解决。如果每天让你产生坏情绪的是同样的人或者同样的事,那么,你就能避开很多头疼的问题了。

最后,换位思考,加深理解。

如果有人做了让你愤怒的事情,你必然会生气,但你若能站在对方的角度上想一想,那么,你会发现,事情完全是情有可原。每个人都有自己的困难和压力,也许他正在应付紧张局面,也许他家里发生了一些事情,正被弄得焦头烂额……了解清楚了,同情加温情,把他看做有错的能干人,正在跟你一样努力活着,这样一想,就能完全冷静下来,愤怒情绪就不存在了。

当然,在你周围,有太多会令你生气的事,这很正常,但你不要把这些情绪压抑在心中,因为一味地压抑心中不快,只能暂时解决问题,负面情绪并不会消失,久而久之,就可能填满你的内心世界,使你的身心越来越疲惫。因此,在愤怒时,你只有先找到怒火之源,并将其彻底消灭,才能避免因不当的发泄给自己和他人带来困扰。

情绪调控法:

女孩的品质来自修养,一个有修养的女孩,对世间万事万物都能泰然处之,即使“兵临城下”,也不会愤怒。她能从“袭击者”的角度考虑问题,能宽容别人的冒犯,在别人心中留下一个心胸宽广的形象。

女孩内心坚韧起来,才不易被激怒

我们都知道,不少年轻人都希望得到肯定,对于二十来岁的女孩来说也是如此。现在的你刚进入社会,也许你付出了很多努力,却没有听到掌声;也许你的表演已堪称精彩,但是,在空旷的舞台上,任你挥汗如雨,换回的却只是零星的唏嘘……这时，可能你会很愤怒，甚至想用歇斯底里向全世界证明自己。但你想过你为什么会愤怒吗？因为你内心脆弱，因为你沮丧。如果你内心足够强大的话，又怎么会因为外界的反应而产生如此激烈的情绪呢？

女孩，可能你也发现，在你的周围，有这样一些人，他们总是低头不语，给人的感觉是温顺、和气，但一旦发起脾气来，着实令人招架不住。这是为什么呢？因为他们心思更加细腻，他们会把内心的不快郁结在心中，当他们的自卑处被挖掘出来的时候，他们的脾气就会爆发出来，一反常态，甚至咆哮起来。但对于那些自信、情绪外显人，他们更善于抒发内心的情感，因而懂得自我排解不良情绪。

因此，女孩，如果你想驾驭你的情绪并不被激怒的话，首先就要让自己的心坚韧起来。

她是个各方面都很优秀的女孩，21 岁，长相也很好，刚毕业就在一家外企上班，很多人都羡慕她的工作。可是她却有着自己说不出的苦闷，那就是她身上的那些伤疤。

还在上学的时候，她的父母带她去烤肉，在烤肉的过程中，她没发现自己的脚太靠近炭火，火苗就这么从她的长裤烧了起来，一时情急之下，她又用穿着长袖衬衫的手去拍打身上的火苗，接着连手臂上也着了火，就这样，她误伤了自己。虽然火苗在很短的时间里就被扑灭，但还是在手脚处留下了烫伤的痕迹。

她什么都好，唯独对身上的伤疤非常介意，那些伤疤让她自卑，让她觉得自己不好看，所以，除了她自己，她不论如何都不愿意让别人看到。一年四季，她永远穿着长袖和长裤，即使到了夏天，室温直逼 40 摄氏度，她还是坚持穿着长袖长裤，舍不得脱下来。很多同事还开玩笑说她很保守，其实她何尝不羡慕那些身上没有伤疤的女人，可以穿着自己喜欢的吊带和短裙。

一次，一个同事问她：“天气这么热，为什么不穿裙子呢？”她当时就很生气，对她说了一句："你爱穿自己穿去，少管我！"这个同事顿时感到莫名其妙。每年的夏天就是她最痛苦的时候，因为像这样问她的人太多了。

后来，公司开始有男性喜欢她并追求她，尽管她也对这些男性中的一些感兴趣，但她还是都拒绝了，因为她怕人家会因为她身上的这些疤嫌弃她。而她给别人的印象就定格了：她是个高傲的女人，装保守，没修养，不可一世。

她也在这种痛苦中受着折磨。

故事中一向温柔的"她"为什么会对同事发脾气："你爱穿自己穿去，少管我！"因为这个同事不小心触及到了她的痛处——她的那些疤痕，这是她自卑的根源。其实她大可以不必在乎这些外在的缺点，不必因为身上的几块瘢痕而自卑。每个人都有着缺陷，这个世界上不存在完美的人，缺陷有时候也是一种美。她大可以大方地告诉别人她的伤痛，以坦然的心面对这些疤痕，就不会给自己扣上没有修养的"帽子"。

事实上，在生活中，有不少这样自卑的女孩。归结起来，她们的自卑产生的原因有很多种，除了身体上的缺陷导致的自卑，还有一些外在自卑的原因，比如，技不如人，贫穷，"附带品"的自卑。这些外在原因，你大可以忽略不计，做好自己，做个落落大方、有修养的女孩，内心强大，自然就不会被激怒。

那么，怎样才能让内心坚韧起来呢？

1. 要学会正确评价自我

每一个女孩都是特别的。就像一个制陶匠人制作出一万件大小、形状、装饰都完全一样的花瓶，那么每件花瓶就值不了多少钱了。可是如果同一个陶匠以独特的方式和非同寻常的形状制造了一件装饰完全不同的花瓶，那这个花瓶就有很高的价值。你之所以宝贵，是因为全世界再无人与你完全相同，是你的思想、情感、品位、才能才构成了独特的你。

而你的那些所谓"缺点"，在别人看来，可能正是你与众不同的地方，正是你的特质，你的财富。只不过你把它们放大了，表达得过于强烈了。所以，你所要做的，就是在适当的时间、适当的地点，用适当的方式将你的特质表达出来而已。这时候，你会发现，你就是特别的、独一无二的。

2. 学会微笑

微笑能让每一个女孩都变得自信起来，它是医治信心不足的良药。如果你真诚地向一个人展颜微笑，他就会对你产生好感，这种好感足以使你充满自信。正如一首诗所说："微笑是疲倦者的休息，沮丧者的白天，悲伤者的阳光，大自然的最佳营养。"

再者，日常生活中，应该积极与人交往，发展健康的人际关系。学会交一些益友，你会从中受到鼓舞。

情绪调控法：

站在人生的舞台上，任何一个年轻女孩都要明白，你真实的表演并非为博得别人的掌声，更多的是为了得到自己心灵深处的快慰。

女孩受到嘲讽时如何宽心

对于二十来岁的女孩来说，自从你离开学校进入职场后，都希望获得良好的人际关系，都希望与周围的人和谐相处，也都希望能获得别人的认可。但事实上，你不可能做到让每个人都喜欢你，甚至让你感到无奈的是，无论你怎么做，总是有一些人对你冷嘲热讽，甚至恶意中伤。此时，你不必要与之争论，而应该在内心激励自己：为了证明自己，为了赢回尊严，一定要努力。你要明白的是，尊严是你自己享用的精神产品，每个人的尊严都属于他自己。你自己认为自己有尊严，你就有尊严。所以，如果有人伤害你的感情、你的尊严，你要不为所动。你不死守你的尊严，就没有人能伤害你。

凯瑟琳是个很勤奋的女孩，在获得企业管理的硕士学位后，她就在一家国际性的化学公司工作。因为学历较高，刚进公司，她就被安排在了管理层的职位上，这令很多人不满意，尤其是那些和她年纪相当的年轻人，因为他们还在基层摸爬滚打。为了服众，凯瑟琳请求也从基层做起，这令上司很欣赏。

但凯瑟琳并不聪明，甚至是笨拙的，在很多业务问题上，她总是做得很慢。在开展工作计划的头几个星期，“抓紧点，凯瑟琳，动作快一些！”她的顶头上司友好而又认真地提醒她。

然而，凯瑟琳的速度并没有因为这句提醒的话而加快，反而更加慢了。但她还是不紧不慢地工作着。在这种情况下，人们对凯瑟琳这种行事谨慎、慢条斯理的工作方法很反感。和她同组的一位同事用带有嘲讽的语气说道：“要是你有什么坏消息，并希望它像蜗牛爬行似的传出去的话，那就把它交给凯瑟琳处理吧。”

对此，凯瑟琳并没有生气，也并没有回应，还是按照自己的步骤学习、工作着。

在凯瑟琳来公司的三个月后，公司举行了一场专业知识和业务能力考试，而第一名将会被选拔为公司储备干部。

令大家奇怪的是，平时少言寡语、工作速度缓慢的凯瑟琳却一举夺得了第一名，此时，他们才明白，做得多才是成功的硬道理。

的确，少说多做才是充实自己内在的最根本方法。案例中的凯瑟琳工作慢条斯理、不急不慢，看似愚笨，甚至被对手嘲笑，但她并不生气，也不与之辩驳，而是拿行动来证明自己才是最优秀的，这是一种值得我们学习的精神。

的确，任何一个人，包括那些初入社会的女孩们，都希望能实现自己的价值，而并不是为了求得所有人的认同甚至拥护。

女孩，你需要明白的是，在你的身边，每个人的思维和行为方式都不一样，总会有一些跟自己合不来，他们有可能会对你的言行进行冷嘲热讽甚至侮辱，其实这都是极为正常的。因为在这个世界，任何人都不可能赢得所有人的心，在你的朋友圈子以外，总会有那么几个人，心生嫉妒，不怀好意地望着你。不论你怎么努力，你都不可能让所有的人都成为你的朋友。

在这样的情况下，需要忍耐那些侮辱，在忍耐中变得淡然。学会忍耐，在忍耐中厚积薄发，就是对侮辱最好的回击。

其实，退一万步讲，你遭到他人的恶语攻击也是有一定的原因的，受人攻击的往往都是那些任重道远的人。这种情况几乎在每个行业都一样，它正说明了你的价值所在。随着你在职场的表现，你的业绩可能威胁到其他人的利益，也就有了一些关于你的流言蜚语，对此，你要明白，事实是击败任何不实言论的最好武器。受到别人的嘲讽，你不需要与之争论，而应该淡然处之，然后努力奋斗，最终，那些嘲讽的言辞将会不攻自破。

情绪调控法：

他人侮辱、轻视你，那并不意味着你的价值毫不存在。别人看轻了自己，没有关系，只要你自己看重就行了。一个人如果总是患得患失，太注重别人的态度，并将自己的得失建立在别人的言行上，那又怎么能静下心来充实自我呢？

宁静处世，女孩切记要摒弃浮躁情绪

现代社会，随着生活节奏的加快，竞争的日趋激烈，经济压力逐渐增大，很多人包括那些初入社会的女孩们，她们穿梭于闹市之间，已经习惯了忙碌、灯红酒绿、觥筹交错的生活，以至于在独处时显得内心慌乱、手足无措。而实际上，每个女孩都应学会在闹市中摒弃浮躁的情绪，因为群居得太久，会很容易忽视自己的内心。

吴小姐今年二十来岁，就已经在一家外资企业做销售主管。虽然已经是公司基层领导,但很多事情还必须由她亲力亲为。为此,每天,她都必须游走于各个谈判桌、饭桌之间,不停地出差,不停地坐飞机,她已经厌烦了这种生活,甚至恐惧。她觉得自己必须要放松一段时间了。于是,她抛下了所有的工作,开着车,来到了离市区很远的河边。

听着潺潺的流水声、空谷中鸟儿的啼叫,呼吸着新鲜的空间,那些所谓的客户、订单、酒桌等都抛到脑后的感觉真好,不知不觉间她在车上睡着了,醒来后,她感到了前所未有的放松。她心想,也许只有独处、寂寞才能让自己的心静下来。

从那次以后,吴小姐每周都会花上半天时间来自己的"秘密基地"调剂一下自己的心情,偶尔,她也会带上自己的好茶,坐在河边,什么都不想,就一个人,什么都不做,她很享受这样的寂寞。

事实上,生活中,不少年轻女孩和故事中的吴小姐一样,因为工作、因为生活,不得不四处奔波,硬着头皮在喧嚣的尘世中闯荡。长时间下来,她们疲惫不堪、精神紧张,却不知如何调节。其实,如果能挤出一点时间独处的话,你的心情也会得到舒缓。

的确,当一个人心情浮躁的时候,又怎能感受到那份宁静的幸福呢?曾经有一个百岁老人谈起他的长寿秘诀:"我每活一天,就是赚一天,我一直在赚。"这就是生命的真谛:豁达,坦然。

尘世中的女孩,你是否又有这样一种安然、宁静的心呢?你是否深思过自己是否已被这纷乱的世界扰乱了思绪呢?你还是原本的那个自己吗?

时间是人生真正的资产,学问是人生真正的财富,健康是人生真正的幸福,智慧是人生真正的力量。《庄子》中有一句话,叫作"乘物以游心",只五个字,却是偌大的洒脱。内心的安宁才是真正的洒脱,戒骄戒躁,我们才能将狂傲和不羁敛成平淡与朴实,重拾那个最本真的自我,进而远离尘世的喧嚣,以一颗平常的心过好属于自己的生活。

然而,对于初入社会的女孩来说,你的生活里有太多扰乱你心绪的因素，对此，你要懂得调节：

第一，静下心来。要学会独处，然后去思考，把自己的心放空，这样，你每天都会以全新的心态和精神面貌去生活、工作。同时，你需要降低对事物的欲望，淡然一点，你会获得更多的机会。

第二，学会关爱自己，爱自己才能爱他人。多帮助他人，善待自己，也是让自己宁静下来的一种方式。

第三，心情烦躁时，多做一些安静的事，比如，喝一杯白开水，放一曲舒缓的轻音乐，闭眼，回味身边的人与事，对新的未来可以慢慢地梳理，既是一种休息，也是一种冷静的前进思考。

第四，和自己比较，不和别人争。你没有必要嫉妒别人，也没必要羡慕别人。你要相信，只要你去做，你也可以的。你应该为自己的每一次进步而开心。

第五，多读书。阅读就是一个吸收养料的过程，你的求知欲在呼喊你，要活着就需要这样的养分。

第六，珍惜身边的人。无论你喜不喜欢对方，都不要用语言伤害对方，而应该尽量迂回表达。

第七，热爱生命，每天吸收新的养料，每天要有不同的思维。多学会换位思考，尽量找新的事物满足自己对世界的新奇感、神秘感。

第八，只有用真心，用爱，用人格去面对你的生活，你的人生才会更精彩！

总之，女孩，每天你都要保持一份乐观的心态。如果遇到烦心事，要学会哄自己开心，让自己坚强自信。只有保持良好的心态，才能让自己心情愉快！

情绪调控法：

生命就像一艘船，穿过了一个个春秋，经历过风风雨雨，才驶向了宁静的港湾。然而,没有真正所谓的安宁,人世间本身就充满喧嚣,每一个年轻女孩,你的心也应该像这艘船,无论遇到什么,都始终坚持最终的航向,不焦躁,不迟疑。你只有摒弃浮躁情绪,才能宁静处世。

女孩要逐渐纠正自己急躁的个性

任何一个初入社会的女孩,要想在自己的本职工作上做出一番成就,都必须要有踏实务实的品质。年轻人最忌心浮气躁。女孩,如果你能安下心来认真做一件事情,就没有做不好的。而急躁是一种冲动性、情绪性、盲动性相交织的病态社会心理,它与艰苦创业、脚踏实地、励精图治、公平竞争是相对立的。浮躁使人失去对自我的准确定位,使人随波逐流、盲目行动,对组织、国家及整个社会的正常运作极为有害。每个年轻女孩,如果你是个易急躁的女孩,那么,你也必须纠正这一个性。

不得不说,二十来岁始终是欠成熟的年纪。在不少年轻的女孩内心深处,总有一种茫然不安,让年轻的女孩们无法宁静,这种力量叫浮躁。“浮躁”指轻浮,做事无恒心,见异思迁,心绪不宁,总想不劳而获,成天无所事事,脾气大,忧虑感强烈。一些年轻女孩,无论是在工作中还是日常生活中,在开始的时候是一腔热血,然后热情消退,最后完全放弃。这就是浮躁情绪的作用。为此,你一定要克服它,让自己的心沉静下来。

可能曾经不少美国人都听过罗马纳·巴纽埃洛斯这个名字,她是美国第34任财政部长。

罗马纳·巴纽埃出生在墨西哥一个很贫穷的家庭,刚到16岁,她就嫁人了。后来,丈夫离家出走,她不得不单独抚养两个儿子。在那个时候,她最大的梦想就是给儿子最好的生活。接下来,她怀揣7美元,牵着两个儿子,登上了去美国洛杉矶的汽车。

洛杉矶的工作并没有她想象的那么好找,但她认为只要能挣钱,做什么都可以。她的第一份工作就是洗碗，这份工作让她挣到了400美元。

拿到第一桶金后，她决定和姨妈一起开家玉米饼店，结果非常成功，并开了几家分店。后来，她经营的小玉米饼店铺成为全国最大的墨西哥食品批发商，拥有员工300多人。

在赚到钱后，她开始把眼光放到关心墨西哥同胞的地位上。为此，她邀请了一些朋友，在东洛杉矶建立“泛美国民银行”。这家银行主要是为美籍墨西哥人所居住的社区服务。到现在，这家银行的资产已增长到2200多万美元。但这个过程是艰难的，不少人告诫她这是不可能的事，也有很多人曾经为此付出努力却没有结果，但她没有放弃自己的梦想，努力不懈。如今，这家银行取得伟大成功的故事在洛杉矶已经传为佳话，巴纽埃洛斯也成为美国第34任财政部长。

可见，你只有在内心坚定自己的目标，内心的力量和头脑的智慧才会找到方向，才能摒除外界的众多流言蜚语和诱惑因素。

我们都知道，急躁是不少年轻人的通病，但任何一件事，从计划到实现的阶段，总有一段所谓时机的存在，也就是需要一些时间让它自然成熟的意思。假如过于急躁而不甘等待的话，经常会遭到破坏性的阻碍。因此，无论如何，女孩，在做事时你都要有耐心，压抑那股焦急不安的情绪，才不愧是真正的智者。

当然，女孩们，要做到自制，不是很容易的事，要循序渐进，切不可急躁。每天给自己制订一个强于昨天的目标，只要达到就是成功，这样会在不知不觉中提高。有以下一些建议，可供参考：

1. 做事情要先思考，后行动

要想把事情做到最好，你心中必须有一个很高的标准，不能是一般的标准。在决定事情之前，要进行周密的调查论证，广泛征求意见，尽量把可能发生的情况考虑进去，以尽可能避免出现1%的漏洞，直至达到预期效果。

比如出门旅行，要先决定目的地与路线；上台演讲，应先准备讲稿。在做事之前，你可以经常问自己这样一些问题："为什么做？做这个吗？希望什么结果？最好怎样做？"并要具体回答，写在纸上，使目的明确，言行、手段具体化。

2. 做事情要有始有终

不焦躁，不虚浮，踏踏实实做每一件事，一次做不成的事情就一点一点分开做，积少成多，积沙成塔，累积的最后即可达到目标。

3. 稳定情绪

用合理发泄、注意力转移、迁移环境等方法，把将要引发冲动的情绪宣泄和释放出来，保持情绪稳定，避免冲动。

4. 要强化自我意识

遇事要沉着冷静，自己开动脑筋，排除外界干扰或暗示，学会自主决断。要彻底摆脱那种依赖别人的心理，克服自卑，培养自信心和独立性。

5. 有针对性地"磨练"

你可以采取一些措施，有针对性地"磨练"自己的浮躁心理。比如练习书法，学习绘画，弹琴，解乱绳结，下棋等，有助于培养自己的耐心和韧性。

6 要有务实精神

务实其实就是脚踏实地，不浮躁，只有打好基础，你才能开拓，否则，一切都是花架子。

总之，女孩，无论你做什么，让自己沉下心来进入角色是非常重要的，越早进入就意味着越早地步入事业的轨道。每天都让自己成熟一些，浮躁之气自然会少下来。

情绪调控法：

将任何有意义的事情做好，是成功的预示。因为你比别人多付出，你在实际工作中也比别人想得更周到。年轻女孩们要做到这一点，就要克服急躁个性，让每一步都踏得稳。

第2章

你在和谁较劲，避开身边的情绪陷阱

现代社会，每个初入社会的女孩，难免身上都存在一些坏习惯、缺点等，但正是因为这些坏习惯和缺点，使得女孩陷入自己设置的情绪陷阱中。现在来仔细想想，你是否曾经因朋友的不理睬而生气，你是否因为喜欢卖弄自己的口才而与人斗气，你是否不愿意承认社会现实的残酷而碰壁……因此，不难看出，女孩，要想获得良好的情绪，你首先应该做的就是改正缺点，进而避开给自己设置的情绪陷阱。

女孩别跟现实对着干，不赌气才能做强者

古人云，物竞天择，适者生存。古往今来，任何一个人，要想成大事，都要做到适应社会，懂得变通。的确，任何人的一生都不可能总是处于同一环境中，而如何迅速适应新环境，考验一个人的应变能力，更是考验一个人的心态和情绪。

相信任何二十来岁的女孩都明白，现在的你刚走出校门、走入社会，参与社会竞争，也就是说，能否快速地适应新环境，是每一个女孩从现在起就必须培养的能力。也只有这样，你才能融入集体，成为集体的一份子，然后做出自己的成绩。然而，我们不难发现，一些女孩总是跟自己赌气，跟现实对着干，结果让自己在社会竞争中碰得头破血流。我们先来看下面的故事：

菲菲今年 21 岁，刚从某高校金融系毕业，毕业后的她和很多年轻人一样想开自己的公司，而不想去职场找工作。周围的亲戚告诉她，刚毕业可以先参加工作积累一些社会经验，不必着急创业。但菲菲不听，她认为刚毕业才是创业的好时机。后来，菲菲的爸爸说，要想创业，最起码要做好项目选择，还有市场调查，不然很容易亏损。亲人们的劝告让菲菲很烦躁，她觉得这是家人们瞧不起自己的表现，于是，她决定要证明一下自己。

从父母的银行卡上拿了十万块以后，菲菲就如火如荼地开展自己的创业大计了，她选择的是外贸这个行业，但不到一个星期，菲菲就发现了问题，货源质量不好，产品的销量也很差，好不容易建立起来的几个客户也退单了。最后，不到半个月的工夫，菲菲的十万元就没了。

失败后的菲菲很懊恼地回到家，但父母并没有责怪她，而是说："什么都不要想了，年轻怎么可能不碰壁，碰壁了才会长大。"这下，菲菲似乎明白了什么。

在生活中，可能很多女孩都遇到过菲菲这样的情况，从学校毕业后，她

们会和自己赌气，一定要和现实对着干，最终被现实击垮。

可见，任何一个女孩，初入社会，一定要修炼自己的好情绪，而首先要做到的就是承认自己所在环境的变化，社会不像学校，很多现实问题你必须面对。不得不说，那些头脑灵活、拥有思想的人在这个社会更有打拼的出路。

刚参加工作，你可能会遇到一些难题。诚然，在难题面前，任何人都可能会产生一些焦躁的情绪，但焦躁对于事情的解决毫无帮助，只有静下心来，才能冷静地思考解决问题的方法。

因此，女孩，如果你希望自己能适应现在的工作、生活乃至整个社会环境，你需要明白“适者生存”这个道理，并要积极思考，随时调整自己。只有这样，你的梦想和目标才会在社会大潮中成活，你才会收获成功和幸福！为此，你需要做到以下几点：

1. 改变观念，不要好高骛远

任何行动都需要信念的支持，你要想从小节开始入手为成功准备的话，就必须认识到小节的重要性。因此，你若想提升自己，就必须克服好高骛远的毛病，做到一点一滴的知识积累。

2. 发现身边值得学习的东西

提升自己不一定要脱离现在的工作，更没必要脱产走回学校。因为年龄、经济等条件不允许，我们不可能再走回纯粹的学生时代。随用随学，做有心人，留心身边的人和事，学会随时发现生活中的亮点，并注意总结别人的成功经验，拿来为自己所用，这可能是生活和工作中能让自己进步得最快的一招。

3. 放松心情，舒缓紧张情绪

如果你刚到一个新环境，不要一直提醒自己是在新环境。有句话是说智者调心。人不能够适应周围的环境，完全是由于其错误的观念和消极的心理状态。世界是在不断变化的，周围的环境也是在不断变化的，所以人也要变化，你注意周围的世界，观察一切的变化，不断地接受新鲜事物。

4. 关注时事，与时俱进

一个人只有保持思想上的先进性，才能及时察觉到周遭事物的变化，这一点，需要女孩们在很小的时候养成习惯，每天不要再只看各种球赛和电视连续剧，而要多看时事，了解最新的事实动态。只有这样，你才能有不断提高自己的意识，才能有更强的应变能力。

5. 多交朋友，开阔眼界

你不妨用最短的时间在新环境中找一个比较谈得来的朋友，这很重要，朋友多了，眼界就广了，就能迅速适应新环境，应变能力也在无形中提高了。

情绪调控法：

任何人，到了一个新环境的确需要一个适应过程，初入社会的女孩，只有承认社会的现实，才能避免让自己受气，才能随时保持开心、积极的情绪。

调整好心态，不要因看不顺眼就拿别人出气

生活中，每个女孩从学校毕业后，就要来到职场、进入社会，就必须要和同事、朋友、客户、上级打交道。但实际上，并不是每个女孩都能和周围的人友好、和睦地相处，究其原因，其实很多问题并不在于别人，而在于自身。我们都知道，人是单独的个体，都有自己的性情和处事风格。当其他人的处事方法不符合你的观点时，你大概会觉得“他真讨厌”“看不顺眼”，但讨厌别人并不是别人的错误，而是你自己的事情，只有调整自己的心态，与讨厌的人好好相处，对自己和别人才更公平，你的人际关系才会更好。

实际上，讨厌一个人并不一定是别人的错，明白这一点你才会心平气和地与你看不顺眼的人相处。因此，任何一个女孩都要明白，若你想在事业上有所成，以健康适当的情绪、语言、举止和善意的态度，在同事间、朋友创造和谐的关系，这是一个关键。

小蔡在一家外贸公司上班，今年23岁，很爱漂亮。这天下班后，她向男朋友抱怨新来的老刘真讨厌，跟他一起工作真是一件恶心的事。

“他怎么恶心你了？”

“倒没有恶心我，只是你不知道，他长得实在太难看了，他的脑袋上的头发都能数的清；还有啊，他的品位真的让人不敢恭维，一个40岁的男人，整天穿什么黄色、粉色，真受不了，他也不知道照镜子看看。”小蔡一口气说了很多。

“那他长得难看是他的错吗？你以为所有人都和你男朋友一样帅啊？”小蔡的男朋友这么说，小蔡听完后，噗嗤一声笑了。

从这段对话中，我们发现，很多时候，我们讨厌一个人真的不是对方的错。而且，女性本身就是感性的动物，当她们看到一个与自己在穿着、打扮上风格不同的人，她们就会不舒服；如果她们遇到了与自己的择偶观不同的人，她们也会把对方从自己的朋友圈子中踢出去；而如果在处事方法上与她们不同，她们大概一辈子都不希望与这样的人共事……而可能你没有意识到的是，正是因为这些不喜欢，便可能造成你与他正面交锋的时候矛盾与冲突的产生。

有句古诗叫“相看两不厌”，而实际上，对于你看不顺眼的人，和你正是“相看两厌的”，不但你讨厌他，他同样讨厌你。在这种情形下，如果谁都不懂得约束自己的情绪，自然越相处越相互讨厌，最后弄到无法收场，成为敌人。如果你对待和你不同的人都用这样的态度去处事，那就会处处树敌，无法生存。与讨厌的人共事最重要的是调整自己的心态。

因此，女孩，不要再意气用事了，即使你不喜欢这个人、即使你真的与其在观念上有差异，也要与其和睦相处。为此，你需要做到以下几点：

1. 以任务、工作为中心

与人相处，千万不可凭自己感觉，你喜欢不喜欢一个人不重要，重要的是如果你们是合作关系，那么，无论何时将目标任务放在第一位，把个人情绪放在后面，才能让彼此的关系更和谐，任务更顺利。即使没有任务，你在职场上的最终目标无非是事业有成就，得到大家的认可，这与每个人的相处都分不开，让敌人都佩服，才能算成功。理智地提醒自己这一点，你就很少有先入为主的讨厌情绪。

2. 更尊重对方

与任何人相处，都要以尊重为前提。而如果你不喜欢对方，那便更要重视"尊重"的作用。因为两个相互讨厌的人，往往观点更不一致，如果此时不讲"尊重"，会产生更多分歧，制造更多敌对情绪。对自己越看不顺眼的人越应该主动征求对方意见，主动尊重对方，这样可以使两个人之间变得融洽。

3. 出现分歧应就事论事

与人共处，难免会产生意见上的分歧，如果真出现冲突，应理智进行解决，就事论事，不要掺入以往恩怨或者个人情绪，否则会更加复杂。尤其是双方在公事上出现较大分歧，应理智地说出自己这样处理的理由，然后询问对方那样处理的理由，综合考虑后再做出决断，不应意气用事；不应该武断认为对方在针对你；不应该用过于激烈的情绪用词；更不应该进行人格侮辱或人身攻击。如果分歧不能达成一致，不妨做成两种方案，请第三者裁断。

4. 不要在背地里说他坏话

似乎有女人的地方，就有"小道消息"和"八卦新闻"，更有背后的指指点点。的确，女人总是闲不住的，但这正是某些场合女性较难拥有良好人际关系的原因。因此，不要在背后议论同事，尤其是自己讨厌的人，更不要说出讨厌他的理由。

情绪调控法：

对于任何一个涉世未深的女孩，与周围的人打交道，都要学会求同存异，不要妄图改变他人的想法，更不要采取不合作的态度共事，不要孤立自己不喜欢的人，更不要因为看不顺眼就拿别人出气，而应该首先调整自己的态度，在尊重的基础上宽容看待对方的行为，才能和所有人友好相处。

做淑女不要与人拌嘴和斗气

生活中的女孩，你是否有过这样的经历：与你的姐妹一起逛街，两人因为对某件衣服的审美不同而争论起来，谁也不肯谦让，结果不欢而散，而你自己也独自生着闷气；办公室内，某个同事开了你的玩笑，而你却当真，与其拌起嘴来，结果唇枪舌剑中，两人越说越较真，最后只得让其他同事来“劝架”。人都喜欢表现得聪明一点，周围的人才更加肯定自己，尤其是对于二十来岁刚进入社会的女孩，她们更希望别人看到自己的优点。但真正聪明的人并不代表着能说会道，耍嘴皮子功夫，聪明也并不是表现出来的。生活中，看起来很傻，平时反应都要比别人慢上半拍，却是个“心里明白”的人，这样的人才是真正的聪明人。而最重要的一点是，爱拌嘴是女孩们需要改正的一个缺点。要知道，谁也不喜欢被人反驳；另外，爱拌嘴只会让你陷入和他人斗气的旋涡中。

可能很多女孩会产生疑问，难道与人交谈中，只能保持沉默吗？的确，交际中，我们很容易遇到和别人意见不一甚至是持对立的观点，这时候，你应该主动绕开问题的焦点。正可谓：“三十六计，走为上策”，向对方投降是彻底失败，你将永远没有他日重新破局的机会。讲和也是一半失败，因为讲和肯定是以你自己的巨大牺牲为代价的，不然对方没有理由和你讲和。但是暂时的撤退，装傻充愣，避开他的锋芒，不仅能保全自己，还可以换来彼此间和睦相处。

当然，装傻忍辱不是消极逃避，其目的是避免与对方正面的“交战”而伤了和气。装装傻，是一种以退为进、以大局为重的表现。

事实上，女孩，现在的你每天都被紧张、忙碌的工作搞得晕头转向，已经无暇顾及人际交往中的很多细节问题，可是，为什么还会与同事斤斤计较那些小问题呢？为什么说话的时候总是得理不饶人呢？其实，归结起来，这是因为你太过较真，太过较真只会让你身心俱疲。糊涂一点，能让你免于很多工作和生活中的烦恼和麻烦，也能让你拥有一个好情绪。

小刘是个刚参加工作不到半年的女孩，一天，她在路上与同事不期而遇。小刘和同事最近刚一起合作过一个项目，整个项目是成功的，但这中间也免不了一些小问题的存在。其中，就包括预算问题。自然，他们会就这一问题讨论起来。

同事主动说："领导还是很好说话的，即使你把这次项目的预算算多了，他也没多说什么。"

听到同事这么说，小刘很不服气，于是，她辩解道："你的意思是我的问题？要知道，估算的会计可是你部门的人啊。"

"我知道啊，可是我从没有过问预算的事，不是你一直盯着的吗？"同事也毫不示弱。

"你都不过问，那更是你的责任了。"小刘继续说道。

"你说什么……"

就这样，两个人开始争吵起来。

所谓"话不投机半句多"，小刘和同事在路上不期而遇，谈到工作中的问题时，都不肯让步，而造成了无谓的争论，从而破坏了同事间的友谊。试想一下，如果他们中的一个人，试着先检讨一下自己，或者后退一步，对于自己不同意的部分保持缄默，也不会闹到不欢而散的地步。

在当今社会，装傻是一种最高境界的交际哲学，装傻并非真傻，而是大智若愚。孔子也说："水至清则无鱼，人至察则无朋"，无论是谁，如果沦落到了没有朋友的地步，无疑都是一种悲哀。所以，女孩，无论是在工作还是生活中，不妨糊涂点，更不要与人拌嘴，表现得太过精明，只会让他人远离你。比如，在与朋友或同事的谈论中，只要不是大是大非的问题，其实你没必要做无谓的坚持。换言之，即使你坚持又能怎样？对方会按照你的意志行事吗？俗话说“兔子急了也咬人”，你把别人逼得没有丝毫退路，对方除了奋力反击之外还能有什么选择？

情绪调控法：

凡事要认真，这原本没错，但是女孩们，一旦认真到了较真的地步，眼里丝毫不揉沙子，总是爱和别人拌嘴，那就是和自己过不去，到头来终究会自讨苦吃。

死要面子活受罪，女孩何必为难自己

我们都知道，中国人最重视面子，面子就是尊严，伤什么不能伤面子。在很多人的心目中，面子是尊严的代名词。通常来说，在人们的观念里，好面子的都是男人，而实际上，现代社会，随着女性社会和家庭地位的提高，女人也开始和男人一样参与交际，女人也开始爱面子，尤其是那些初入职场、社会阅历浅的女孩，有时候更是为了面子而为难自己，结果自生自气。

我们经常看到这样的场景：几个女人在一起为了面子会互相比较，比谁的工资多，比谁的男朋友更有钱，比谁的衣服更名贵……与朋友打交道，无论何时，都为自己做足面子：囊中羞涩却硬要做人，因为面子上过不去；生活困难也不求助，为爱面子；不愿作为却勉强为之，为了面子……面子问题真的这么重要吗？实际上，“要面子”并没有什么错，从某种程度看，它是人类的优点，这是知廉耻、懂礼仪、求上进的表现，但如果“死要面子”，你只能活受罪。

的确，实际上，人们死要面子，是不愿承认个人力量的不足。而实际上，任何人都不是万能的，尤其是女性，有太多事情是你自己无法完成的，比如重体力劳动。抛开女性性别原因，任何一个人，都有求人的时候。假如你是一个下属，希望能升职加薪；假如你是一名病人，希望能找到一个医术高超的医生解除你的病痛；假如你还在为工作发愁，希望能找到一份如意的工作；假如你急需一笔钱周转生意……这许许多多、大大小小的希望便构成了生活，为了抓住这些改变现状的机遇，你必须要舍得下面子。但一些好强的女孩一提到这点便皱眉头，甚至羞于告人，觉得很没面子，她们对求人怀有一定的偏见，认为那一定是卑躬屈膝、低三下四的。其实不然，一个人，要想在社会中生存得更好，就要懂得把握机遇。如果你为了所谓的面子而畏首畏尾，那么，你只能坐叹机遇不等人。

另外，在遇到他人求助于你的时候，你大可不必为了所谓的面子而勉强自己，只要你选用正确的拒绝方式，就能在不伤害友谊的情况下拒绝对方。的确，一般来说，和男性比起来，女人的心更柔软，她们多半是不善于拒绝他人的。当然，也有一些女孩认为，既然是拒绝，有什么难的，直接说“不”即可。其实不然，如果你全凭自己的兴致，不顾他人面子直接开口拒绝，那么，对方可能会因为伤了尊严而与你争吵，那么，就得不偿失了。

我们再来看看下面这位深谙拒绝艺术的女经理是如何巧妙地说出“不”字的：

某公司的销售部经理刘红是个很善于与人沟通的人，在她的手下工作，很多员工都觉得干劲十足。公司其他领导都羡慕刘红的工作模式——上班只是喝喝茶，发发工作指令，员工们心甘情愿地为其卖命，毫无怨言。其实，这都是因为刘红很善于调动员工们的积极性。

一天，市场专员小王拿着一叠厚厚的资料，来到刘红的办公室，对她说：“刘总，这是这个月的市场调查报告，您有时间整理一下吧。”

刘红最近手头事情太多，而且，整理资料的工作本身就是下属应该做的。于是，她巧妙地拒绝道：“小王啊，你可一直是我最得力的助手啊，你看我桌上的文件，哎呀，你难道要看着我累趴下吗？算姐求你了，帮个忙吧，回头我请你吃饭。”

听到刘红这么说，小王扑哧一声笑了，不到几个小时的时间，他便把整理好的资料送到了刘红的办公室。

案例中的经理刘红拒绝下属的方法就是撒娇法，一句“哎呀，你难道要看着我累趴下吗？算姐求你了，帮个忙吧，回头我请你吃饭。”让下属看到了领导的可爱，这样一个可爱的领导，有哪个下属还会再好意思进一步要求呢？

总之，女孩，你需要明白的是，谁都不能为了所谓的面子活着，太顾及面子只会为难自己，一个有修养的女孩并不是不会拒绝别人，也不是什么事都自己扛下，而是懂得大胆开口、真诚表达，说话情真意切，无论是求人办事，还是拒绝他人，都能做到不伤感情，最终达到自己的目的。

情绪调控法：

人生在世，任何人，包括那些想要证明自己的女孩，也应该注重自己的感受，而不是只顾面子。如果死要面子，那么，你只能活受罪。

沉浸在抱怨中的女孩怎会有好心情

有人说，老天给女人一张小嘴，一条巧舌，似乎为的是就让女人多说话，多数落，多抱怨，不仅是中年女人爱抱怨，那些刚入社会的女人也总是沉浸在抱怨中。女孩们抱怨的原因有很多，“工作太累了，每天都有做不完的事，老板太没人性了。”“哎，我的台式电脑早就淘汰了，跟爸妈说了多少遍，让他们给我换个笔记本，他们好像没听到似的。”“我要是生在富裕人家就不用这么辛苦赚钱了。”……抱怨就像瘟疫一样在她们周围蔓延，愈演愈烈。这些女孩好像从来没有遇到顺心事的时候，无论什么时候和她们在一起，你都会听到抱怨声。高兴的事情她抛在脑后，不顺心的事情总挂在嘴上。因为抱怨，她们不仅把自己搞得很烦躁，也把别人搞得很不安。而实际上，抱怨对于事情的解决毫无益处，它只会让你的生活和工作都陷入杂乱无章中；而相反，假如你能心平气和，那么，你就会获得快乐。

一个女孩在生活和工作中遇到了不少烦心事，便向她的父亲抱怨，抱怨工作那么累，生活那么累，她的父亲并没有说什么，而是先把她带进厨房。

父亲先烧开了三锅水，然后在第一个锅放些胡萝卜，第二只锅里放一只鸡蛋，最后一只锅里放入碾成粉末状的咖啡豆，然后继续开火，烧水，沉默，什么也没说。

二十分钟过去了，他关了火，然后拿来三个碗，把煮好的胡萝卜、鸡蛋、咖啡分别都盛出来放到不同的碗里。做完这些后，他才转过身问女儿，“孩子，你看见什么了?”

“胡萝卜、鸡蛋、咖啡呀”，女儿回答。

“你先摸一下胡萝卜”，女孩照做了，她发现胡萝卜变软了。

“你再把鸡蛋剥开。”将壳剥掉后，女孩看到是只煮熟的鸡蛋。

最后，父亲让女孩尝了下咖啡，品尝到香浓的咖啡，女儿笑了。她怯生生地问道：“父亲，这意味着什么?”

父亲解释说：“其实刚才，这三样东西都面临着同样的逆境——煮沸的开水，但面对逆境，它们却有不同的反应。你也看到了，胡萝卜在下锅之前是多么的强硬，但被煮了之后就变软了；鸡蛋原本是易碎的，蛋壳虽然起到保护作用，但却经不住摔打；最特别的是咖啡，被倒入沸水中后，它却能改变水。”

女孩若有所思，接下来，父亲说：“哪个是你呢? 当逆境找上门来时，你该如何反应? 你是胡萝卜，是鸡蛋，还是咖啡豆?”

从这个故事中，二十来岁的女孩，你也应该有所启示。诚然，当下的你每天都会遇到一些让你烦心的事：这个月业绩不好被老板责怪，某次行业比赛中因为你的疏忽而影响整个团队的成绩，对此，你肯定很懊恼，但懊恼又有何用? 不停地抱怨，不断地自责，你只会将自己的心境弄得越来越糟。

另外，可能你还没有意识到，抱怨只会破坏一个人的潜意识。一旦抱怨,你的工作效率会不知不觉地降低,因为你需要时间和精力去为自己找借口、鸣不平。久而久之,不仅直接影响你的学习和生活,还会影响你的心情和心态。而真正的勇者,他们从不抱怨,他们总是能冷静地看待世界,审视自己,最终成就自己。

具体来说,面对生活中的烦心事,你可以这样做:

1. 逆向思维比较法

举个很简单的例子,你是一个普通人家的女孩,你可能穿不起名牌,吃不起山珍海味,上下学也没有司机接送,但反过来,每天回家,你都能吃上疼爱你的母亲亲手做的饭,而不是冷冰冰的房间,这不也是一种幸福吗?这次考试你失利了,你可能会难受,但你却从考试中找到了自己学有不足的地方,你还有很大的进步的空间,这不也是一种幸运吗?

2. 把一切交给时间

时间是淡化、忘却烦恼和痛苦的最好方法。遇到烦恼之事,倘若你主动从时间的角度来考虑一下,心中对此烦恼之事的感受程度可能就会大大减轻。比如,如果你被老师当众批评了,面子过不去,心里难以承受,不妨试想一下:三天后、一星期后甚至一个月后,谁还会把这件事当回事?何不提前享用这时间的益处呢?

3. 善于调整期望值

人们对新环境的适应性差,大都与其事先对新环境的期望值定得过高、不切实际有关。当你按照这个过高的目标来执行而最终落空时,难免会产生失落感,就会感到事事不如意、不顺心,必然影响情绪,从而与环境格格不入。

4. 主动适应客观现实

当自己对新环境不习惯的时候,最好不要首先埋怨客观,而应从主观方面想一想,看一看自己的认识、态度和方式是否有需要改进的地方,进而自觉地从自身做起,改变自己的旧习惯、旧做法,努力去适应环境的要求。

总之,一味地沉浸在抱怨中,只会将自己的心情弄得越来越糟。女孩,你若想获得快乐,就要远离抱怨。

情绪调控法:

如果你想成为一个快乐的女孩,就要看到生活中美好的一面,抱着知足的心,那么,工作生活起来都会开心、满足、有滋有味。

女孩要有自己的生活,别因寂寞纠缠朋友

乔布斯曾经说过:“你的时间有限,所以不要为别人而活。不要被教条所限,不要活在别人的观念里。不要让别人的意见左右自己内心的声音。最重要的是,勇敢地去追随自己的心灵和直觉,只有自己的心灵和直觉才知道你自己的真实想法,其他一切都是次要。”的确,现代社会,人们都强调个性与追求自我,尤其是那些二十来岁的女孩,更希望自己与众不同。然而,女性又是害怕孤单的群居动物,一些女孩常常会因为孤单、寂寞而去纠缠朋友。她们似乎只有和他人相处时才能感受到自我的存在,而当她们不被朋友理睬时便自生自气。实际上,这不仅会影响他人的生活,还会加剧损害人与人之间的情感,因为每个人都渴望拥有独立的空间,不希望被打扰。

上大学时,琳是个小鸟依人的女孩,在男友面前她撒娇撒痴,让男友爱得如火如荼。毕业后,她跟随男友去了深圳,由于其丈夫的经济条件不错,婚后不久,她就选择了现在非常时髦的一个职业——全职太太。刚做全职太太的时候,琳很幸福,天天逛时装店,定期去美容,日日围着庸俗的电视连续剧以及柴米油盐酱醋茶转悠。转悠了才一年,她心里变得很慌张。她与丈夫的话题越来越少,自己已没有什么新鲜的东西对他说,只好天天充满好奇地听丈夫说一些外面的事情;她发现自己对丈夫的爱恋更小鸟依人,撒娇撒痴地缠人,和男人聊天成了她一天中最重要的内容;而且经常患得患

失，一天不挂三个电话给丈夫，她心里就空落落的。结果呢？有一天，丈夫挽着另一个女人的手对她说：我爱上了别人，咱们离婚吧。

琳真是欲哭无泪。她对朋友说：“女人，真的不能没有自己的空间呀。”“其实，这也真的怪不得那个男人。你结了婚，还像恋爱时那样小鸟依人、撒娇撒痴，让人感觉你长不大，更不用说风雨共同承担。记得你刚做全职太太时，我们都劝你不要放弃自己的追求，希望你能积极上进，成为一名真正的诗人。当时你听不进去……”朋友劝导她。

因为没有自己的空间，太过依赖丈夫，琳失去了原本幸福的婚姻。爱情是好东西，但不能一起成长的爱情，在你眼中曾经是再美丽的童话爱情也会在眨眼间灰飞烟灭。男人喜欢说：女人要有“女人的味道”。而这女人的味道中少不了的应该有一点：在婚姻中与男人风雨同舟，一同成长。女性主义作家伍尔芙说，女人要有一间“自己的屋子”，意思是女人应该有自己的空间和生活。

其实，拥有自己的生活，就意味着：

1. 要拥有自己的爱好

一个有自己爱好的人，他的生活绝不是枯燥无味的。闲暇时，一本小说就能带你进入不一样的世界；沏一壶咖啡，一部影碟，也会让你的精神为之放松。周末时间，朋友可能也希望独处，因此，不要去烦扰他。你的爱人也可能因工作繁忙而无法顾及到你，但专注于自己的爱好，你就能独处。

2. 不要总是指望朋友帮你做决定

一两次倒也无妨，但你若长时间期望朋友为你做决定，那么，对方也会产生心理压力，因为在保证决定正确的情况下，他也要承担后果。所以，真正的好朋友是在你自己下决定后，或在你下决定时，他在旁边给你建议，而不是决定你该怎么做。

3. 不要让任何人的意见淹没了你内在的心声

如果你有经验，你会发现，有时候，那些看似聪明的人给你的意见却是错误的,为什么呢?因为他并没有你了解事情的方方面面。更重要的是,每一个人的意见,都是出于他自身的价值观,而你不应该活在别人的价值观里。

另外,也不要在意别人对你的看法。“一千个作者,就有一千个哈姆雷特”,不同的人所处的位置、价值观的不同,你永远不可能调整自己让所有的人都接受你。你应该倾听自己内在的声音,寻找到属于自己的人生意义,然后勇往直前坚持到底。

4.不要充当你朋友的保护伞

你跟朋友不是连体婴儿,不要以为朋友的所有事情就是你的事情,尤其在某些你不宜干涉的问题上,你应该让朋友自己去处理。真心的朋友之间,是没有隔膜的,彼此之间以互相畅谈心声,诉苦,分享,游玩,联系,共同经历挫折。但无论如何,女孩,你都要记住一点,每个人都有自己的生活方式,无论多好的朋友,都不要因为寂寞而纠缠别人。

情绪调控法:

生活中的每个人,也包括那些初入社会的女孩,都应该有自己的生活。一个人只有专注于自己的生活,倾注自己的情感,才能耐得住寂寞,才不会因为孤单而纠缠别人,也才不会陷入不良情绪中。

他人逆了你的意,别讨厌烦人发脾气

生活中,人们常用“善解人意”来形容知书达理的女孩,这是女孩应该具备的一种美好的品质和美德。性情温和,能够处理好各种人际关系,能够很快地适应各种不同的环境,能够融洽地与人合作,充分发挥自己的潜能,这样的女孩人见人爱。

然而,不得不承认的是,现代社会,不少二十来岁的女孩,她们都是家里的独生女，生活条件优越、长辈宠爱，都是以自我为中心，很少会为他人考虑。一旦别人违了她们的意，她们就会发脾气，让自己陷入不良情绪中。这样的女孩很难有知心朋友，其行为还会令他人厌烦。

因此，每个二十来岁的女孩，如果你想保持快乐的心情，想获得朋友的支持，你就必须改正这一缺点。你要明白的是，每个人都有发表意见的权利，任何时候，你都不能忘记尊重他人的意见，只有让他人感受到自己是个重要的人，他才会从内心接受你。其实，这是有一定的心理原因的。因为人都有一种获得尊重的需要，而你若能表达出对对方的尊重，那么，他的这一需要便得到了极大的心理满足。

而同时你需要明白的是，无论是从知识储备还是人生经验上，你需要学习的还有很多，抱着这样的态度表达观点，你就能远离傲慢。

欣欣今年刚大学毕业，是个很漂亮的女孩，左邻右舍、朋友、同事都很喜欢她。当她还是个孩子时，她的爸妈就教育她要尊敬长辈，还教她要有家教，要多听周围人的意见，因此，她事事都是首先能够想到别人。为此，即使现在刚进入职场，周围都是陌生的同事，但很快，她就和大家打成一片了。

一天中午，原本欣欣跟一个女同事商量去吃西餐，但这位同事突然说自己的男朋友从外地来了，要去接。欣欣知道后，赶紧说："你去吧，我们什么时候吃饭都行。"

女同事很感激欣欣的通情达理，这件事被其他同事知道后，都纷纷夸欣欣是个善解人意的好女孩。

生活中的年轻女孩们，如果你遇到故事中的情况，会怎么做？会发脾气吗？很明显，故事中的欣欣是个懂得体谅他人的人。古人说："人之初，性本善"，其实女孩天生就比男孩更体贴，她们是父母贴心的小棉袄，谁都喜欢爱心的天使而讨厌自私的公主。因此，每一个女孩都绝不要做以自我为中心的强势女人。

为此，你需要做到：

1. 说话时态度不妨诚恳一些

每个人都有戒备心理，尤其在没有确定对方的友善之前，这时候如果你太过高调，往往堵住了和别人建立平等互信的关系的大门。因此，你说话不妨诚恳一些，口气缓和些，语调温柔些，不要引起别人心里的抵触和对抗，这样才能引起别人的欣赏和喜欢。

2. 多为别人设想

在与人打交道的过程中，你要学会站在他人的角度着想，这样，你就能体谅他人的难处，说该说的话，做该做的事，他人也会感受到你的贴心。

3. 不要卖弄你的口才

即使遇到意见不合的问题，也不可高声辩论，不要当面指责，更不要冷嘲热讽，甚至恶语伤人，而应语气委婉，各抒己见，尽量说服对方或求同存异。

4. 注意你的声音的分贝

与人交谈时，不要认为高声谈笑就是真实自然的表现，声音分贝过大，不仅会影响到别人，让别人觉得刺耳，还是一种无礼的表现。因此，你说话应轻声轻语，声音大小以对方听清为宜。

5. 不要打断别人的谈话

别人讲话时，话题突然被打断，会让对方产生不满或怀疑的心理，认为你不识时务，水平低，见识浅；认为你讨厌、反感这类话题；认为你不尊重人，没有修养。

6. 不着痕迹地夸大别人的优点

抬高别人，难免要说一些奉承话、恭维之辞，把对方的优点加以拔高、放大，这样的话有明显讨好之意。因此，你在抬高别人的时候，一定要说得巧妙，最高明的做法是自然而然，不露痕迹。

7. 适当示弱

示弱是一种把优越感让给他人的表现。对此，在某些情况下，你可以装作自己没有把握或者没有能力去做一件事,“这道题我算了很久都不会,你能帮我看看我哪里出错了吗?”

当然,表达尊重、语言谦和也要把握好度,说话只是表达思想,说明事情,没有必要靠语言来乞讨怜悯或掠取威严。你不必要唯恐别人不高兴,极力表现出毕恭毕敬的样子,唯唯诺诺、点头哈腰,堆砌一大套客套话,其实这只会被人瞧不起;而盛气凌人、出口伤人,摆出一副傲慢的姿态,会令人敬而远之,或觉得这人不知天高地厚,浅薄之极。正确的方法是不卑不亢、客气大方、讲究实在、有理有节。

情绪调控法:

每个人都有自己的情感世界,都希望得到别人的理解,也希望理解别人。理解是一座桥梁,是填平人与人之间鸿沟的石土。每个涉世未深的女孩,都应该明白,理解他人的意见,不仅能让他人感受到尊重,你也能避免陷入不良情绪中。

第3章

别被消极心态打扰，转个身内心充满阳光

相信每个初入社会的女孩都希望自己每天开心、乐观地生活，但你的情绪是否经常被那些负面心态扰乱，你会摇摆不定、左右顾虑，害怕失败。因此，要想不生气，要想拥有好情绪，你首先就要摒除那些不良心态的干扰，只有这样，你才能找到心中的灯光，找到时刻照亮你成长的坐标。

别因外表丑陋而苦恼

有人说，人生是一条无法回头的路，尤其对于女人，容颜易老，唯一不变的是自信的气质。一个女人，要想保持自己可爱的形象，最重要的不是挑选化妆品，也不是购买昂贵的首饰来装饰自己，而是要修炼自己自信的气质。自信是对自己的高度肯定，是成功的基石，是一种发自内心的强烈信念。

对于初入社会的女孩，你更需要自信，因为你的人生路才刚刚开始，将会面临不少困难。而一个自信的女孩，能看到事情的光明面，必能尊重自己的价值，同时也尊重他人的价值。因为自信是个人毅力的发挥，也是一种能力的表现，更是激发个人潜能的源泉。

然而，我们不难发现，在相貌上不如意的女孩更容易自卑，这种自卑是一个恶性循环的过程。自卑的女孩暗淡无光，不愿意抬起头来表现自己，即使有出众的能力也被埋没，而这又加剧了她的自卑情绪。不错，每个女孩希望自己有美丽的容颜，但青春不可能常驻，一个真正吸引人的女人是自信的。因此，无论何时，都不要妄自菲薄，都应该应该大方、自信地表现自己。同时，你只有自信，别人也才会相信你。

因此，女孩，即便你外貌上不如别人，也不必自卑，要知道，你无时无刻不在展现自己的心态，无时无刻不在表现希望或担忧。你的声望以及他人对你的评价，与你的成功有很大的关联。如果别人因为你的思想经常表现出消极软弱而认为你无能和胆小，那么，别人是无法信任你的。

的确，你觉得自己是什么样的人，自己就会成为什么样的人。你自卑，那么你将一事无成；你自信，那么你就会在人生的道路上实现你的价值。一个人只要相信自己行，就一定行，因为自信能使你充分发挥自己的潜能，想方设法达到自己的目的。那么，如果你是个长相欠佳而感到自卑的女孩，你该怎样重新找回自己的美丽呢？

为此,你需要做到:

1. 注意自己的仪表,树立自信的外表

走路正视前方,说话正视别人的眼睛。注意锻炼,保持健美的身材、健康的身体和积极的心理状态。什么场合穿什么样的服装也是有讲究的。在比较正式的场合你穿得很随意,看看周围人你就会感觉不自在,这样的不自在就会让你感觉紧张,也就没有了心情去和别人交流。相反,一个很随意的场合你穿得很正式,反而显得你的做作。总之,穿着要适合场合,适合自己的身份。

2. 看到自己的长处

一般情况下,每个人都是根据他人对自己的评价和通过自己与他人比较来认识自己的长处和短处的。有的女孩,在与他人比较的过程中,多习惯用自己的短处与他人的长处相比较,尤其是喜欢拿自己的外表与那些漂亮女孩比,结果,越比较越觉得自己不如人,越比越泄气。只看到自己的不足,而忽视自己的长处,久而久之就会产生自卑感。

3. 要正视挫折

在人生的旅途中,你可能会因为长相问题遇到一些挫折,如遭受失败打击、失恋、学习及工作不如意、不顺心等。挫折会使你有各种反应,有的人从挫折中经受锻炼,增强了对环境的适应能力,有的人则变得消沉、冷漠。更有甚者,对微弱的挫折也难以忍受,这就很容易给自己蒙上自卑的阴影。

4. 多交朋友

自信的笑容能增强你的魅力,能让他人接受你,反过来,多交朋友,也能让你逐渐变得自信起来。事实上,人生路上,谁也缺不了朋友,朋友的关心会让你觉得内心温暖,朋友的赞美和鼓励会让你信心十足,朋友间的交流会在不经意间给你面对生活的灵感,同时,有个自信十足的好朋友也会把你带向自信的氛围中。

5. 练习自己的笑容

每天出门前,你可以对着镜子笑一笑,放松自己的面部肌肉,告诉自己:

今天的我很棒，然后你就能自信满满地出门。

其实，自信更多的是一种自我的心理暗示，在遇到事情、面对问题的时候，在心里告诉自己：我可以做得很好，别人不比自己强多少。那么，你的笑容自然就是信心十足的。

心理学家认为：一个人如果自惭形秽，那她就不会成为一个美人。从这个意义上说，每个女孩们，你必须要自信起来，只有这样，你才会有良好的情绪，才会由内而外散发出光彩。

情绪调控法：

每个外表欠佳的女孩，如果你能穿上自信的外套，那么，你的生活中就将处处是光彩。反之，如果你内心自卑，那么，无论你的外表怎么时尚靓丽，你的美丽也会被掠走。

别因身体的缺陷而恼恨

现实生活中，相信每个女孩都希望自己有靓丽的外表，即使没有美丽的容颜，也希望自己像一般女孩一样有着健康的体魄。但事实上，命运是残酷的，有一些女孩，她们的身体有一些缺陷，但只要她们能超越这种身体缺陷带来的自卑感，她们就能获得快乐、满足甚至是事业的成功。

对于每个二十来岁的女孩来说，如果你的身体也有一些缺陷，不必自卑。要知道，人的潜能是无限的，它是人的能力中未被开发的部分，它犹如一座待开发的金矿，蕴藏无穷，价值无比。一个人最大的成功，就是他的潜在能力得到最大程度的发挥。但这一前提是，无论你的理想多么崇高，要实现就必须克服自卑，实现超越。

60 年前，加拿大一位叫让·克雷蒂安的少年，说话口吃，曾因疾病导致左脸局部麻痹，嘴角畸形，讲话时嘴巴总是向一边歪，而且还有一只耳朵失聪。听一位医学专家说，嘴里含着小石子讲话可以矫正口吃，克雷蒂安就整日在嘴里含着一块小石子练习讲话，以致嘴巴和舌头都被石子磨烂了。

母亲看后心疼地直流眼泪，她抱着儿子说："孩子，不要练了，妈妈会一辈子陪着你。"克雷蒂安一边替妈妈擦着眼泪，一边坚强地说："妈妈，听说每一只漂亮的蝴蝶，都是自己冲破束缚它的茧之后才变成的。我一定要讲好话，做一只漂亮的蝴蝶。"

功夫不负有心人。终于，克雷蒂安能够流利地讲话了。他勤奋且善良，中学毕业时不仅取得了优异的成绩，而且还获得了极好的人缘。

1993 年 10 月，克雷蒂安参加加拿大总理大选时，他的对手大力攻击、嘲笑他的脸部缺陷。对手曾极不道德地说："你们要这样的人来当你的总理吗？"然而，对手的这种恶意攻击却招致大部分选民的愤怒和谴责。当人们知道克雷蒂安的成长经历后，都给予他极大的同情和尊敬。在竞选演说中，克雷蒂安诚恳地对选民说："我要带领国家和人民成为一只美丽的蝴蝶。"结果，他以极大的优势当选为加拿大总理，并在 1997 年成功地获得连任，被国人亲切地称为"蝴蝶总理"。

一个口吃少年变成人人敬仰的"蝴蝶总理"，他真的如蝴蝶一样，实现了自己人生的蜕变。在他的成功之路上，真正的动力就是辛勤和努力。虽然他刚开始有缺陷，也因缺陷而感到自卑，但也正是缺陷的存在，才使得他认识到幸福与尽早努力的关系。

1907 年，心理学家 A. 阿德勒发表了有关由缺陷引起的自卑感及其补偿的论文，而使其名声大噪。

A. 阿德勒认为：由身体缺陷或其他原因所引起的自卑，不仅能摧毁一个人，使人自甘堕落或发生精神病，在另一方面，它还能使人发愤图强，力求振作，以补偿自己的弱点。例如，古代希腊的戴蒙斯赛因斯原先患有口吃，经过数年苦练竟成为著名演说家；美国罗斯福总统，患有小儿麻痹症，其奋斗事迹，更是家喻户晓之事。有时候，一方面的缺陷也会使人在另一方面求取补偿,例如尼采身体羸弱,可是他却弃剑就笔,写下了不朽的权力哲学。诸如此类的例子,在历史上或文学上真是多得不胜枚举。

早先,弗洛伊德已经主张:补偿作用是由于要弥补性的发展失调所引起的缺憾。受了弗氏的影响,A. 阿德勒遂提出男性钦羡的概念,认为不论男性还是女性都有一种要求强壮有力的愿望,以补偿自己不够男性化之感。

以后,A. 阿德勒更体会到:不管有无器官上的缺陷,儿童的自卑感总是一种普遍存在的事实;因为他们身体弱小,必须信赖成人生活,而且一举一动都要受成人的控制之故。当儿童们利用这种自卑感作为逃避他们能够做的事情的借口时,他们便会发展出神经病的倾向。如果这种自卑感在以后的生活中继续存在下去,它便会构成"自卑情结"。

因此,自卑感并不是变态的象征,而是个人在追求优越地位时一种正常的发展过程。但如果能以自卑感为前提,寻求卓越,那么,我们是能实现自我超越和获得成就的。每个女孩,要想获得快乐和成功,第一步要做的就是超越身体缺陷带来的自卑感。

情绪调控法:

身体的缺陷会给人带来自卑感,尤其是对于爱美的年轻女性来说,但只要你学会调整自己的心态,就能走出来,让自己快乐起来。

别时时处于和别人竞争的心态

中国人常说:人比人气死人,这话没错。生活中,对于那些年轻气盛的女孩来说,她们似乎已经习惯了拿自己与他人对比,而一比,就会发现,自己事事不如人,自以为在众人面前抬不起头来,这样无疑就加重了自己的心理负担。

不得不说,自古以来,以输赢论英雄,可谓深入人心。争赢求胜是人类的天性,但我们要问:何谓输赢?输者真的输了吗?赢者真的赢了吗?成败是相对而言的，输赢只是一时，世事如梦，人生短暂，所有争斗相比的人都以打个平局而结束游戏。其实，有时，我们一心争赢，赢了反而输了，不信，试着放下输赢，你反而赢了。因为争强好胜让你赢得了斗争，却让你失去了朋友；而放下好胜心，即使你输了争斗，却赢得了友谊。宽容大度的人总是能用人格魅力征服他人。

《佛经》中曾经记载了这样一个故事：

一个人前来拜祖，他双手持物，准备献给如来佛祖。

佛说："放下。"他便将左手之物放下。

佛又说："放下。"他只好又将右手之物放下。

可佛还是说："放下。"两手空空的他大惑不解。

佛终于微笑着说："放下你的执念。"

好胜就是一种执念。闲暇时间，女孩，你不妨思考一下，你是不是因为总希望在同事间脱颖而出而失去了很好的搭档？你是不是因为非要与同学争个对错而闹得不欢而散？世界上本来就没有谁是天生的赢家。会自我反省本是一件好事，可如果过分看重结果，看重理想与现实的落差，这种反省不但不利于自我调整，反而成了一种变相的自我折磨，使自己情绪低落，阻碍了自我的发展。

然而，现代社会中，不少女孩之所以感到压力大，很多时候就是因为无谓的竞争，结果最终导致自身的彻底崩溃。这就好比自行车轮胎和汽车轮胎，那些自行车轮胎根本无法承载骑车轮胎所能承载的重量，却也逞强好胜，最终被压爆了。这与人超出自我能力的攀比其实是一个道理，都是自不量力，争强好胜！如果你注重内心世界的感受，或许能淡化争强好胜的心！

法国思想家卢梭曾经说过一句名言：人之所以犯错误，不是因为他们不懂，而是因为他们自以为什么都懂！喜欢争强好胜。

从前，有两个人，他们是邻居，一个叫纪伯，一个叫陈嚣。

纪伯是个爱占小便宜的人，这天夜里，他偷偷地将隔开两家的竹篱笆，向陈家移了一点，这样，他家院子的范围就宽多了，但他做的这些都让陈嚣看到了。纪伯走后,陈嚣将篱笆又往自己这边移了一丈,使纪伯的院子更宽敞了。纪伯发现后,很是愧疚,不但还了侵占陈家的地方,而且还将篱笆往自己这边移了一丈。

陈嚣的主动吃亏,让纪伯感到相当内疚,他产生了“以小人之心度君子之腹”的感觉,这就欠下了陈嚣一个人情。即使他还了这个人情,但是每当他想起时,还是会感到内疚,还是会想法报答陈嚣。

“陈嚣让地”成为人们津津乐道的故事,宽容他人,并不是怯懦胆小,而是一种放下的智慧,有道是:“饶人不是痴汉,痴汉不会饶人。”能宽容他人,体谅他人,不争强好胜与之计较,他人也会发自内心地感到温暖,不但避免了冲突,对方还因此生起羞愧之心,改过向善。然而,可能有人却觉得,人不能太过善良,不能事事都让着他人。其实,真正能宽容待人,善待他人,不但自己免于陷入与人争斗的苦恼,无形中,还结下许多善缘,帮助自己化解灾难。

老子说:“夫唯不争,故天下莫能与之争。”真正的赢家就是那些放下好胜心的人。同样,女孩们,少点好胜心、宽容待人,他人自然会受到感动,从而以同样的爱心回报的。反之,年轻人不能宽容,内心常有不平,甚至是埋怨、愤恨,由此,更易与人产生敌对或冲突。当你心胸不够开阔,内心的烦恼也会比较多,别人不以为是烦恼的,你也觉得烦恼。生活中常与人有矛盾,那么在自己遇到困难时,别人也不太高兴伸手相助。如此,人生就多出了许多的障碍来。而愿意和气对人,宽容待人,不仅避免了吵闹、争斗之苦,其宽阔的胸怀,也会让自己的生活更愉快,心情更开朗。

总之,每个年轻的女孩都不要让自己时时处于竞争的心态中。要知道,争赢争输都是输,放下输赢才是赢。你若能放下输赢,就能自在。不计较暂时的吃亏和无关紧要的输赢,是至高的智慧。

情绪调控法:

诚然,每个女孩都不应该故步自封,而应该不断充实、超越自己,但积极并不能过了头，不能演变成争强好胜，每个女孩的目标都应恰到好处。只有这种切合实际的超越、对比，才会使自己不断进步，才能使自己受益多多，才会让生活充满活力！

别总是高傲，抗拒别人的指导

“虚心使人进步，骄傲使人落后。”这句话三岁的小孩子都会说，意思也很好理解，从字面上一看便知。然而，这样再普通不过的道理，生活中能够按照它去做的人却没有几个，大多数人都只是说一说，从来没有想过可以拿它当作一种指导，一种指引我们行为方向的指南针。骄兵必败，自古便是如此。

事实上，对于涉世未深的女孩来说，她们常常也有自满的心理。她们认为自己有着高学历、美丽的外表和一腔热血，却忘记了自己没有多少社会和工作经验。为此，她们习惯抗拒别人的指导，并自生自气，陷入不良情绪中。

话说“金无足赤，人无完人”，无论是谁，都有优点、长处，也都有缺点、短处。女孩，要想进步，你就必须虚心向别人学习，做到取人之长补己之短，如此，才会有进步。

在日本，有个著名的企业家，叫福富。

福富先生在17岁那年就已经进入一家公司工作。那个时候，他是一名新手，而与他共事的都是一些经验丰富的老员工，大家都不怎么看得起他，怎样才能获得他们的支持和帮助呢？

福富并没有退缩，而是学会把老员工的教训当成学习的机会，把慢待当机遇，总是希望能学到知识和经验。于是，在看到老员工时，他不再绕着走，而是主动打招呼，请求对方指点。“我难免有做不到的地方，请多指教！”碍于情面，老板和老员工们不再摆架子，而是以长者的风度指出他应该注意和改正的地方。福富洗耳恭听，然后立即按照他们的指导改正自己的缺点，以求做得更好。

他的努力终于得到了回报，在他19岁那年，也就是进入公司两年后，他的老板对他说："通过长期考验，我看你工作勤恳能干，善于向他人学习，从明天起，你就是公司的部门经理了。"福富当时是个年纪轻轻的小伙子，却战胜了公司里许多老员工，成为最年轻的经理，他的成功是由于他敢于虚心向竞争对手学习，创造并把握住了学习机会。

看完以上这个案例后，女孩，你应得出个结论：如果你要想在职场中尽快得到提升，那么就应该勇敢地向竞争对手学习，变被动为主动，提高学习能力，注重学习细节，以促进自我的早日成功。

德国自然科学家洪堡曾说过："伟大只不过是谦逊的别名。""梅须逊雪三分白，雪却输梅一段香。"一个人要想真有长进，不仅需要谦逊，而且还要有雅量，要放下架子，不耻相师。

伟人尚且能做到如此，那么，女孩，你是怎么做的呢？

年轻人信心十足，有意拔高自己以求得他人尊重，心情可以理解，结果却难以如愿。然而，要做到自信却不自负，你还需要正视自己的优缺点。

可见，女孩，如果你是个高傲的人，那么，为了防止自己陷入不良的情绪中，你一定要放低身份，表现自己的良好修养，偶尔说一说"我不明白""我不太清楚""我没有理解您的意思""请再说一遍"之类的语言，会使对方觉得你富有人情味，没有架子。相反，趾高气扬，高谈阔论，锋芒毕露，咄咄逼人，容易挫伤别人的自尊心，引起他人反感，以致他人筑起防范的城墙，从而导致自己的被动。

当然，要想放下高傲的心态，你还需要做到：

1. 多主动请教他人，看到自己的不足

一个人取得成就后，容易自满，看不到自己需要改进之处，那么，你可以主动请教他人，让他人从旁观者的角度帮你指出来。一般情况下，对方都乐于向你传授经验和教训。

2. 切实提高自己各方面能力

一个人只专注于某一方面特长或者某一爱好，一般在此方面投入的精力更多，期望也就越多，一般也就容易取得成绩，也容易自满。但“人外有人，山外有山”，即使你这次成功了，但并不一定代表你永远成功。而如果你能提高自己多方面的能力、兴趣、爱好等，那么，你在拓展视野的同时，也会学习到各种抗挫折的能力、知识、经验等，具有较完善的人格，这对于提高自己的自理能力、交往能力、学习能力和应变能力都有很大的帮助，也有助于你独自战胜困难。

然而，要做到真正的求教，还需要你做到持之以恒，三天打渔、两天晒网的学习是不能产生令人满意的效果的。向他人学习，必须从不自满开始，无论取得多好的成绩，也不能停顿。

另外，放低姿态，不是低声下气、奉承谄媚。说话、做事时放低姿态是一种艺术。比如，尤其是在你得意之时，与同事说话，要谦和有礼、虚心，这样才能显示出自己的淑女风度，淡化别人对你的嫉妒心理，维持和谐良好的人际关系。

情绪调控法：

随着社会的不断发展，人人都在不断向前迈进。任何一个女孩，若要想成长、进步、快乐，就必须放下“架子”，丢掉“高傲”，虚心地向他人请教，见先进就学，见好经验就学，才能不断提高，不断进步，实现自己的人生理想与追求。

心胸狭隘滋生坏脾气

人类作为群居动物，都需要朋友，需要友谊之水的滋养，困难之时都需要朋友的一臂之力，心情低谷时都需要朋友的一句宽慰，荣耀之时都需要朋友衷心的祝贺和分享。然而，可以说，在人类所有的情感中，友情是最需要信任和付出的，尤其是需要宽容之心。同样，对于二十来岁的女孩来说，更需要摒弃心胸狭隘的心态，正如有人说：“假如我们都知道别人在背后怎样谈论我们的话，恐怕连一个朋友都没有了。”这并不是一句否定人与人之间友情的话，相反的，它正可以告诉你，友情容不得你的斤斤计较。

的确，心态有很多种，如：“天下本无事，庸人自扰之”，这是一种自寻麻烦的心态；“以牙还牙，以眼还眼”，这是一种睚眦必报的心态；“拿不起，放不下”，这是一种执着妄念的心态；“人心不足蛇吞象”，这是一种贪得无厌的心态……英国文豪狄更斯曾经说过：一个健全的心态，比一百种智慧都更有力量。这告诉女孩们一个真理：有什么样的心态，就会有什么样的人生。我们渴望被他人认可，为别人喜欢，更希望拥有快乐幸福的一生，而这一切的源头，都在于我们的心态。如果你自寻烦恼而忧郁难安；或与他人斤斤计较而愤恨不平；或事事牵心，死抱过去念念不忘；又或贪心不足欲壑难填……拥有这些负面心态的话，你只能挣扎在被人厌恶、自怜自弃、抑郁不乐之中！要获得真正的快乐和终身的幸福，你必须把上述各种不健康的心态统统赶出你的胸怀，净化你的脑海，选择正确而积极的心态，那就是——豁达、宽容。

有这样一个真实的故事，它发生在第二次世界大战期间。

一支部队在森林中与纳粹军队相遇发生激战，其中两名战士最终与自己的队伍失去了联系，没有人知道他们在哪里，都以为他们牺牲了。

他们来自同一个淳朴的小镇，镇上的人彼此都认识，所以大家都像一家人。他们原来就是很要好的朋友，此次在生死未卜的战斗中，互相照顾、彼此不分。

与队伍失散后，两人在森林中艰难跋涉，互相鼓励、安慰。十多天过去了，他们没有看到一个人影，回到部队的希望越来越渺茫，更严重的是，因为战争的缘故，动物四散奔逃或被杀光，生存都发生了危机。

就在他们奄奄一息之际，他们幸运地打死了一头鹿，看来天无绝人之路，依靠鹿肉又可以艰难度过几日了。这让他们着实兴奋了好长一段时间。但在这以后，他们再也没看到任何动物。仅剩下的一些鹿肉，背在年轻战士的身上。生存又成了问题。

有一天，他们在森林中寻找食物时不幸遇到了敌人，经过再一次激战，两人又一次巧妙地逃脱，就在他们自以为已安全时，只听到一声枪响，背着鹿肉走在前面的年轻战士中了一枪，这一枪打在肩膀上。后面的战友惶恐地跑了过来，他害怕到语无伦次，抱起倒在地上的战友泪流不止，并赶忙把自己的衬衣撕成条来包扎战友的伤口。

夜深了，受伤的战士肩膀上包扎的衣服一片血红，他对于自己的生命并不抱任何希望。而那位没有受伤的战士两眼直勾勾的，嘴里一直叨念着母亲。用来救命的鹿肉谁也没有动，他们都以为自己的生命即将结束。那一夜令两个人都终生难忘。

天知道他们是怎么过的那一夜。第二天，他们被自己的部队发现，当太阳升起的时候，他们获救了。

故事发生到这里，似乎告一个段落，是个喜剧结局。

但事隔30年，那位受伤的战士安德森说："我知道谁开的那一枪，他就是我的老乡、战友"。这实在是太惊人了。

安德森平静地说："他去年去世了，否则我永远都不会说，如果我死在他前面，我会让这个故事烂在肚子里带走。那年在森林里，当他抱住我时，他的枪筒还在发热，我顿时明白了，他想独吞我身上带的鹿肉活下来。但当晚我就宽恕了他，因为我知道他想活下来是为了照顾他的母亲。此后30年，我装着根本不知道此事，也从不提及。战争太残酷了，没有纳粹的存在，就不会有这样的悲剧。令人难过的是，他的母亲还是没有等到他回来就撒手去了。我和他一起祭奠了老人家。他跪下来，流着泪请求我原谅他。我拥抱着他，不让他说下去。于是，我宽恕了他，我的心没有仇恨，异常的平静。我没有失去什么，我们又做了二十几年推心置腹的朋友。"

故事中的主人公安德森是豁达的，面对朋友对自己的伤害，他选择了忘却。忘却就是一种宽容，人人都有痛苦，都有伤疤，动辄去揭，便添新创，旧痕新伤难愈合。忘记昨日的是非，忘记别人先前对自己的指责和谩骂，时间是良好的止痛剂。学会把伤害留给自己，把宽容留给他人，生活才有阳光，才有欢乐。

命运不是不可选择和主宰的。豁达是一种爱，女孩，你要相信，斤斤计较的人、工于心计的人、心胸狭窄的人、心狠手辣的人……可能一时会占得许多便宜，或阴谋得逞，或飞黄腾达，或春光占尽，或独占鳌头……但不要对宽容的力量丧失信心。用宽容所付出的爱，在以后的日子里总有一天一定会得到回报，也许来自你的朋友，也许来自你的对手，也许来自你的上司，也许更来自时间的检验。

因此，女孩，若想拥有一个成功的人生，就必须有豁达、包容的心，去容纳成功路上的猜疑、嫉妒……你的人生境界将变得更加开阔。

情绪调控法：

在激烈的竞争社会，在利益至上的商业时代，宽容与忠厚同样重要，每个渴望获得幸福和安宁的女孩，都不要忘记：宽容是一种爱，豁达是一种智慧，会让你的生活无限美丽。

猜疑只会让你庸人自扰

生活中的每个人，也包括那些初入社会的女孩，都不能否认的一点是，任何人都有疑心，这是一种在社会生活中自我保护的一种正常的心理活动。但所谓的自我保护，是相对于那些相交甚浅甚至是陌生人的，而对于自己的朋友，则应该以信任为基础。如果对待朋友处处设防，就是不正常的现象了。

然而，我们不得不承认的是，一些年轻女孩，她们重视友谊，但却猜忌心过重，不但伤害了朋友之间的感情，还使自己陷入不良情绪中。在我国，有个“疑人偷斧”的故事：

一个人丢了斧头，在没有弄清事实真相以前，总是怀疑别人偷了他的斧子,且怎么看怎么像,连吃饭走路说话办事都像个小偷。当他找到斧子之后,才知道自己怀疑错了。

“世间本无事,庸人自相扰”,问题的症结却是自己的猜忌和多疑。

疑心不仅是对友谊的一种摧残,更是对心灵的一种折磨。杯弓蛇影的典故就是很好的例证。弓影投映在盛酒的杯中,好像小蛇在游动,饮者以为真把小“蛇”给吞下去了,越想越恶心,结果害得自己重病一场。这才是天下本无事,庸人自疑之,疑心太重,到头来自讨苦吃。

女孩,在现实生活中,你可能经常遇到类似的情况:某天你走进办公室,大家讨论的话题突然终止,你在怀疑大家是不是在聊你的八卦;你的上级已经有一个月没有询问你的业绩问题了;你最亲密的好朋友最近好像在躲着你……碰到这些事情,你心里是不是开始犯嘀咕:是不是别人有什么事情瞒着自己?

对别人无端的猜疑,貌似无端,实在有端,猜疑源于褊狭的私心。“以小人之心,度君子之腹”,疑心太重的人,总怕别人争夺自己的所爱、所求、所得,怕别人损害自己的利益,终日疑神疑鬼,顾虑重重。你对别人不放心,别人能对你坚信不疑吗?虽说防人之心不可无,但是时时提防,处处疑心,还会有知心朋友吗?

因此,如果你希望获得友谊,就必须放下猜忌和私心。那么,女孩,你该如何赶走人际交往中的猜忌心理呢?

1. 理性思考,不无端猜疑

当你发现自己在猜疑一件事或者一个人时,你不妨打断一下自己的思维,问一问自己,为什么要猜疑?这样做对吗?如果怀疑是错误的,还有哪几种可能发生的情况?在做出决定前,多问几个为什么是有利于冷静思索的。

2. 多站在对方的角度考虑

当你看到朋友做出某一种事情和决定的时候,要亲身的用心体会对方做出事情和决定的原因,或者事情本身究竟与朋友有何关联,而不应该先入为主,用对自己的利害来衡量对方的作为而来产生猜忌和误解。

其实,有些事情与你根本无任何利害冲突,如果非要与自己挂钩就会在彼此之间产生猜忌和痛苦,伤害彼此之间的感情,甚至做出一些冲动的决定,伤害到自己和对方。所以冷静地看待问题就是不要首先考虑到自己的利益,一旦不能客观地看待问题的实质,那样必将产生不客观的结论——猜忌和误解随之也将产生,失去朋友的可能性就会大大增强。

3. 发现自己的优点,增强自信心

每个人都不是完美的,有优点自然也有缺点,你不要一味地盯着自己的缺点看,这样只会让你灰心丧气。发现自己的优点,能帮助你培养自信心,历练你的能力,在获得成就后,你会更有信心地生活。

4. 从心理上根除猜疑

行为总是在执行心理的动态,从心理上根除猜疑,行为也就能与之决裂。你要告诉自己,那个你不喜欢的人,他并不是坏人,你只是放大了他的缺点,没看到他的优点而已。长期进行这样的心理暗示,必定能让你根除猜疑。

5. 增强对自我的调节能力

人生在世,你不可能让每个人都称赞你。对于别人对自己的评价,你不必猜疑。但丁有一句名言;"走自己的路,让别人说去吧。"要善于调节自己的心情,不要在意他人的议论,该怎样做还是怎样做,这样不仅解脱了自己,而且产生的怀疑也烟消云散了。

6. 多沟通,解除疑惑

在人际交往中,彼此之间会有一些摩擦或误解,这也许是由于理想、观念的不同导致态度不同,也有些猜疑来源于相互的误解。这些情况,都应该通过适当的方式,比如两人坐下来交流,通过谈心,不仅可以使各自的想法为对方了解,消除误会,而且还避免了因误解而产生的冲突。

情绪调控法:

猜忌问题的根本在自己,只有不断地战胜自我,才能放下心理多疑。战胜自己的狭隘，就会心怀坦荡：战胜自己的偏激，就会理智处事：战胜自己的浅陋，就会多一些宽容：战胜自己的孤僻，就会多一些友谊。这样不断战胜自我，才会迎来美好、和谐、舒畅、顺达的人生。

别因事情悬而未决生闷气

中国有句俗语叫："欲速则不达。"指做事不要急于求成，要踏实做事，水到渠成。的确，对生活过于焦虑的人，生活越是不会积极回馈他；太希望成功者，只会与成功与无缘；太想赢的人，最后往往很难赢；太想到达目标的人，往往不容易到达目标。过于焦虑就是自找烦恼，要知道，事情的成败与否往往不是以我们的意志为转移的，欲速则往往不达，凡事不可急于求成。相反，淡然处之，并持之以恒，那么，成功的概率却会大大增加。

可能对于二十来岁的女孩来说，她们对成功的渴望更强烈，她们希望付出的努力能收获成果，但对于那些悬而未决的事，不必焦虑，因为强扭的瓜不甜，强求的事难成，一切要尽量顺其自然，追求水到渠成。诚然，你可能也希望事情的结果称心如意，但是实际上主客观往往是有差距的。千万不可把自己的主观意愿强加于客观的现实中，而应该学会随时调整主观与客观之间的差距。

有一对夫妻，小两口恩爱有加，很多人都羡慕。然而他们有一块心病，块垒般郁积心头，一直挥之不去：结婚五六年了，还一直没有属于自己的爱情结晶。小两口那个急呀！一有空就四处寻医问药，但几年过去了，妻子始终不见有怀孕的迹象。更为严重的是，以前身体健壮如牛的妻子，竟然和各种莫名其妙的疾病结上了缘，攀下了亲。开始是整天整天地肚痛，痛得是常常出满身满身的虚汗；痛得是常常在床上打滚；痛得是常常大呼小叫、鬼哭狼嚎。于是，他们四处求医问药，但都不见好转，连续的奔波，搞得他们身心俱疲。

父母流泪了，劝他们想开点；朋友们伤心了，劝他们顺其自然。小两口不表示拒绝，也不进行辩驳，均一笑了之。

有一天，小两口到医院打点滴，一个护士看着他们青一块紫一块的胳膊，还有胳膊上密密麻麻针头扎过的小红点，不禁落泪了：顺其自然吧，是自己的别人抢不走，不是自己的莫强求……

听着这温柔的、天使般的声音，小两口陷入了沉思：是啊，小护士和我们素不相识，她为什么要劝我们？还不是看到我们身心俱疲的样子产生悲悯之情了吗？顺其自然，是自己的别人抢不走，不是自己的莫强求……说得多好啊！

回到家，小两口像换了个人似的，把医院买来的各种中药、西药统统扔进了垃圾堆。小两口相视一笑，顿时浑身轻松。

一个周末，妻子翻翻日历，发现例假很久没来，然后拿出试纸检测，发现居然怀孕了。小两口紧紧地相拥在一起，激动的泪水夺眶而出……

后来，丈夫向朋友叙说："真的，自从思想放松后，妻子的什么小烧不断、肌肉乱颤、大肠易激、夜间失眠，统统不治而愈。"他在叙述这一切的时候，我发现，他的脸色很平静，似乎在叙说一件与自己毫不相干的故事。

凡事顺其自然，确实至为重要。有些事情就是奇怪，你越努力渴求，它反而迟迟不来，让你等得心急火燎、烂额焦头。终于，你等得不耐烦了，它却又如从天降，给你个惊喜满怀。

不得不说，任何事情的发生、发展都是有一定的规律的。因此，女孩，任何事，你都不必急于求成、急功近利，让事态顺其自然地发展，也许会更好，焦虑也只能是瞎忙活。

当然，凡事追求顺其自然，并不是消极避世，而是站在更高层次来俯视生活的一种睿智。当你能真正做到顺其自然时，相信事情也就水到渠成了。

情绪调控法：

中国有句俗语，"谋事在人，成事在天"。女孩，当你正在从事一件事，只需要专注做事的过程，而对于事情的成果，不必焦虑，否则只会自生自气。

第4章

掌控内心的平衡，别陷入坏情绪的旋涡

人生一世，贫与富、贵与贱、荣与辱、得与失在所难免，任何人都无法控制，但却可以把握自己的心态。每个缺乏社会经验的年轻女孩，都应当学会在生活中寻找一个平衡的坐标，让自己不因得意而张扬，不因失意而沉沦，在面对生命的大喜大悲或者生死无常的时候，能以一种平和、淡然的心态来对待一切。

女孩不要逼自己，凡事不要苛求完美

生活中，相信很多年轻女孩都被告诫过，做人做事都要认真、努力，这会使得你更加完美，会不断进步。鼓励认真的态度，是为了让自己的人生变得幸福和充实。然而，生活中却有一些女孩，她们对自己太过苛刻，无论做什么事，都要求自己做到百分之百，不允许犯一点小错，不允许生活有一点瑕疵，结果常常因为对自己太过苛求而搞得身心疲惫不堪。其实，有缺憾的人生才是真实的人生，我们固然要有追求完美的态度，但如果过分追求完美，而又达不到完美，就必然会产生坏情绪。过分追求完美往往不但得不偿失，反而会变得毫无完美可言。

女孩，可能你也发现，在你工作或生活的周围，有这样一些人，他们高高在上、看似完美，但却没什么朋友，人们也不愿意与之交往，这就是因为他们用完美给自己树立了一个高大形象，反而让人们敬而远之。因此，你可以明白的一点是，拒绝完美，凡事都不要逼自己，允许自己做不到一百分，你会发现，你才会活得轻松。

然而，生活中就是有这样一些二十来岁的女孩，她们做事谨小慎微，总是认为事情做得不到位。这主要是因为她们性格上的原因，她们对自己要求过于严格，同时又有些墨守成规。通常情况下，因为她们过于认真、拘谨，缺少灵活性，她们比其他人活得更累，更缺乏一种随遇而安的心态。

她们总有这种表现：对自己和他人都要求很严格，如果一件事情没有做到自己满意的程度，那么必定是吃不好也睡不好，总觉得心里有个疙瘩，很不舒服。要知道，我们不会因为一个错误而成为不合格的人。生命是一场球赛，最好的球队也有丢分的记录，最差的球队也有辉煌的一刻。我们的目标是——尽可能让自己得到的多于失去的。

可以说，一个人对自己有高标准的要求是有益处的，它能使我们在正确的轨道上行走。然而,凡事都有度,过度就会适得其反。对自己要求太高,很容易让一个人对自己要求过分苛刻,也易陷入极端状态。比如,当他犯了一点错误时,他便会悔恨不已,甚至会妄自菲薄,贬低自己;那些自控力太强的人时刻会警惕自己的行为是否得当,他们会比那些凡事淡定的人活得更累。

那么,如果你是一个苛求自己的女孩,该如何做到自我调整呢?

1. 不要苛求自己

你不要总是问自己,这样做到位吗?别人会怎么看呢?过分在乎别人的看法就是苛求自己,你会忽略自己的存在。

2. 要改变自己的观念

你需要明白一点,世界上没有完美的事,保持一颗平常心并知足常乐,才是完美的心境。换一种新的思路,即尝试不完美。

3. 要改变释放方式

当你心情压抑时,要选择正确的方式发泄,比如唱歌、听音乐、运动等;并且,你要抱着一种享受的心情发泄,这样,你很快会感受到快乐。

4. 让一切顺其自然

不要对生活有对抗心理,过于较真的人,他们会活得很累,因此在思考问题时要学会接纳控制不了的局面,不要钻牛角尖。

5. 失败的时候,请原谅自己

想一想,如果你的好朋友经历了同样的挫折,你会怎样安慰他?你会说哪些鼓励的话?你会如何鼓励她继续追求自己的目标?这个视角会为你指明重归正途之路。

德国大文学家歌德曾说:“谁若游戏人生,他就一事无成,谁不能主宰自己,永远是一个奴隶。”就一般人而言,对自己没有高标准的要求,缺乏自控能力,一般不容易实现自己既定的人生目标,难以获得家庭的幸福和事业上的成功,其情绪容易受外来因素的干扰,使其行为与人生目标反向而行。但对自己太过苛刻则会带来反作用。

因此，每个年轻女孩都要记住，再美的钻石也有瑕疵，再纯的黄金也有不足，世间的万物没有纯而又纯和完美无瑕的，人也不例外。每个人都不可能一尘不染，在道德上、在言行上都不可能没有一点错误和不当。人总是趋于完美而永远达不到完美。因此，你不必对自己和别人做过高的、不切实际的要求。

情绪调控法：

人无完人，每个年轻女孩追求完美固然能不断进步，但如果苛求完美，“把自己摆错了位置”，总要按照一个不切实际的计划生活，总要跟自己过不去，那么，你就会失去快乐。

已成定局的事，就别再跟自己过不去

生活中的年轻女孩，不知你发现没有，每个人虽然没有选择生命的权利，却到处存在选择。选择高远，选择香甜，选择伟大，选择平凡，选择有无，选择是非。漫漫人生路，无时无刻不存在选择。选择构成了人生精美的画面。人的一生会面临无数次的选择，但是有谁能做到选择后就没有后悔过？但实际上，后悔又有何用？

对于初入社会的女孩来说，在现在这个信息多而乱的社会中，做出正确的抉择更不是一件易事，这就需要你出色的判断能力。但无论你做出什么决定，采取什么行动，也无论得出什么结果，你都不要反悔。你要明白的是，反思可以让你成长，但反悔无益于事。你需要做的就是，不断反思自己的过失，在反思中行进。

然而，我们发现，不少人总是在叹惋，要是时间可以重来该有多好；要是我当初也能珍惜时间，就不会有如此多的遗憾……可是往事能重来吗？不能。既然如此，我们就应该好好把握今天，抓紧一分一秒，不要把后悔留给明天！泰戈尔曾经说过："如果错过太阳时你流了泪，那么你也要错过群星了。"昨天是一张作废的支票，明天是一张期票，而今天则是我们唯一拥有的现金——所以应当聪明地把握。

曾经有人对人生做了一个很恰当的概括：人的一生可简单概括为昨天、今天、明天。这"三天"中，"今天"最重要。因为过去的已经成为事实，再去追悔已经无济于事；而对于明天的事，我们谁也不能打包票；因此，我们要做的就是活好当下！

有人说，要想过好今天，要学会做三件事。

第一件事是：学会关门。因为在昨天和今天之间有一扇门，只有把这扇门关紧了，我们才能放下昨天的喜乐忧愁，才能轻松上路。

第二件事是：学会计算。每个人的一生都是一本账本，有的人记下的全部是痛苦、问题，而快乐的人记下的都是幸福，而烦恼就来自于前者。

第三件事是：学会放弃。请牢记：先舍后得；只有舍了，才会有得。

实际上，能让生命产生意义的，不是昨天和明天，只有今天。昨天，无论是掌声雷动，还是磨难不断，都没必要去怀念和追悔了。一味地沉浸在昨天，只会让自己徒增烦恼。不过，对于昨天的错误，还是有必要去检讨和反省，因为经验和教训能帮助我们更好地成长。

人的一生都未走出糟糕的昨天，导致一辈子都庸碌无为，活在自己编织的悔恨中。

因此，女孩，对于糟糕的昨天，你应该先接受它，你越是抗拒，越是无法平和地面对，也不要再不断地反问自己："我怎么会这样呢？""我怎么会遇到这种事情？"这样，只会让你的痛苦加剧。

如果你能减少抗拒的时间，那么，你就能较早地走出来。比如，当你的亲人去世了，你肯定会伤心、痛苦，但如果你能告诉自己："逝者已逝"，那么，你会逐渐变得平和起来。相反，你越抗拒这件事情，痛苦持续的时间就越长，你面临的人生低潮也会更加长。而接纳现状与“我不愿再烦恼了”“我不可能再发展了，就接受这种状态吧”这种态度是不一样的，后者是一种消极待世的态度，而前者则是积极进取，是不断臣服于当下，不断采取积极的行动，直到取得理想的结果。

再者，情绪低潮期也应该是你重建自己的时候，因为你应该重新审视自己，调整自己。你从成功中学不到任何东西，成长来自于失败、低潮，当然还需要你能正确地认识它，接受它。

当然，女孩，你要想摆脱悔恨的情绪，还需要做到以下几点：

1. 做到自省

柏拉图说过，内省是做人的责任，人只有通过内省才能实现美德。一个善于自省的人遇到问题往往会反求诸己，从自己的身上找原因，而不是总把问题推到别人身上。

2. 自我纠错

美国“氢弹之父”爱德华·泰勒具有极好的自我纠错习惯，很多时候，他能自己否定那些在外人看来已经很了不起的见解，正因为这样，他最终沙里淘金，做出了不平凡的成就。

情绪调控法：

“已经碎了，回头又有什么用？”你应该将这句话铭刻在心中，并提醒自己：别为洒了的牛奶而哭泣！无论曾经犯下多大的错误，曾经有过多少的失误都不能成为你停下前行脚步的理由，只有收拾心情，尽力走好未来的每一步，你才会有更美好的明天！

女孩如何解决被误会的苦恼

人与人相处的时候，难免会产生一些误会。千万不能小瞧误会，它随时可能吞噬掉你周围的一切，甚至你自己。因为误会，可能会让你的朋友对你的人品产生怀疑；因为误会，你的上司可能认为是你的疏忽为公司造成了损失；因为误会，曾经相恋很多年的恋人形同陌路……可见，误会常常会给别人带来痛苦，造成伤害，也给自己带来伤痛。

现实生活中，一些女孩一旦被误会，就陷入苦恼中，被误会搅得焦头烂额。其实，要想摆脱这种负面情绪，就要尽早解释清楚，时间拖得越久，就越被动。

小荣已经毕业一年多了。一毕业，她就开始在这家公司的客服部门工作，功夫不负有心人，一年多的努力换来了一个主管的职位。正因为她是从大学生过来的，所以，她对那些新来的职员都特别好，能帮上的她都义不容辞。

就在小荣当上主管不久，客服部来了一个新手，是个很单纯的女孩，而且还和小荣从同一所大学毕业。而且，那女生很听话，办事能力也很强，无论是小荣交代做的，没交代做的，她都能做得很好；有不懂的，她也不厌其烦地问。小荣仿佛看到了当年的自己，她把那女孩当亲妹妹一样照顾。由于小荣的力荐，上司对女孩的表现也很满意。可是小荣没想到的是，这女孩居然以怨报德，出卖了她。事情是这样的：

经过几个月的相处，小荣对女孩已经是无话不说，那时候直接领导小荣的还有一个上司，这个上司为人还好，就是在业务上能力有点差，小荣对她倒也没什么意见，就是闲聊时和这个女孩随便说了几句。

有一段时间，公司客服部频频接到投诉电话，为了解决这一问题，小荣作为主管，制订了新的客服计划，本来在会议上都已经通过了，但是第二天她的上司却通知她计划取消。当时，小荣很生气，当着全体员工的面通过的事情，怎么说取消就取消呢？她很想向上司发火，说几句顶撞的话。不过她忍住了，她敲开了上司的门，走了进去，很耐心地问："我想知道原因，我觉得这个方案真的不错！"

上司看了她一眼,说:“你是不是翅膀硬了,觉得自己的能力已经在我之上了?”小荣一愣,想起了前天对那个女孩说的话。根据她的经验,她意识到自己被出卖了!于是她稳住了自己说:“每个人都有自己的特点,在策划上您可能没有我强,但是在管理上,我却没有您有能力!这就是为什么您是领导,我是下属。”这话领导听了,还挺受用。领导看了小荣一眼,叮嘱说:“你不要光顾着工作,要小心身边的人。”

小荣是聪明人,当然明白上司这话是什么意思,她同时也知道了,自己的策划被通过了。但是对于那个女孩,小荣并没有怪罪于她,但小荣觉得这个女孩还是不聪明,因为她很快就知道了女孩两面讨好的用心。

案例中的主管小荣和领导之间的误会就是他人挑拨的,而当领导发脾气的时候,幸亏小荣能压住怒火,没有爆发,并及时找出了原因,解开了误会,否则小荣就中了同事的离间计。

可能有不少女孩会有这样的疑问,如果被误会了,该怎么做呢?

1. 找出被误解的原因

造成误解主要有几种原因:表达信息或说明某些事情时言辞不足;不管什么事,都顾虑过多,过分小心翼翼,从不发表意见;如果在公众场合,你衣冠不整,言谈举止不拘小节,会让周围的人产生不好的印象,且会造成误解;纵然是玩笑话,若造成对方的不快,会导致意想不到的误解,或者是一句安慰、感激的话,如果对方接受的方式不同,也可能会变成误解……

对此,你必须下一番工夫内查外调,搞清楚对方的误解源于何处,否则任凭你费多少口舌,也不会解释清楚,搞不好,还会越描越黑,弄巧成拙。

2. 消除自我委屈情绪

出现误会,很可能会有委屈的情绪,此时,你很可能着急为自己辩解,就可能造成越解释越乱的情况。实际上,你应该冷静下来,多从对方的角度想想,他为什么会误会你?什么方法才能真正消除误会?考虑好这些情况,才能让你心平气和地表明心迹,最终消除误会。

3. 一纸书信让对方更从容

生活中，一些女孩比较内向，即使遭到了他人的误会，也不知道如何解释。此时，你不妨采用书信解释的方法，因为面对一封信要比面对当事人从容得多。但要注意，写信时要注意自己的措辞，尽量简短、明了，态度温和、诚恳，有表达和好的意愿等。

4. 鼓起勇气，当面说清

不难否认的是，一些女孩就是懦弱的，遇到问题不敢面对，结果，被人误会也不敢当面澄清。对此，你必须记住，对于要向对方当面澄清的问题，一定不要找借口推脱，一定要战胜自己，当面表明心迹。

当然，为了不造成这不必要的损失和遗憾，你最好尽量避免误会的产生，不要轻易地误解他人，更不要被别人误解。

情绪调控法：

面对误会，不少女孩总觉心中有难处，不好启齿，结果碍于情面，时间越拖越长，误会越陷越深，到最后无限制地蔓延，造成了令人极为苦恼的后果，反倒更加痛苦。

学会独处，但不要让孤独压抑自己

生活中，初入社会的女孩，你曾经是否有过这样的感受：夜晚下班回家，远离了应酬，远离了工作，你倒头躺在沙发上，将双脚任意地放在某一位置，没有人会说你不礼貌、不雅观；然后，你将音响打开，放一首自己最喜欢的轻音乐，白天所有的烦恼都抛之九霄云外，没有上司的唠叨，没有孩子的吵闹，你觉得舒心极了；接下来，你开始回忆，回忆那曾经逝去的一段初恋，回忆少时朋友们间的嬉闹，想到忘情之处，脸上有温热的液体慢慢滑下，说不清是幸福还痛苦，但明显自己已深深陷入迷宫深处，由不得自己。

然而，这看似简单的快乐，又有多少女孩能懂得品味呢？

有人说：孤独是一种人生旅途上美轮美奂的境界。的确，孤独常使我们陷入一种冥想的状态。其实孤独也是美丽的，孤独的是影，实在的是心，孤独的人能在孤独寂寞中完成他的使命。如果一个人兴趣无比的广泛而又浓烈，而自己又感觉到精力无比的旺盛，那么，你就不必去考虑你已经活了多少年这种纯数字的统计学，更不需要去考虑你那不是很久的未来。

女孩，可能你常常会感到寂寞，因为知己难逢。寂寞的时候，你是觉得享受，还是觉得孤独呢？你是一个人独自享受轻轻的音乐，或者喝喝茶、看看书呢？还是赶紧打电话给朋友、同事，或者去酒吧、广场这些人群聚集的地方来寻求一种心灵的慰藉呢？你认为自己是个耐得住寂寞的人吗？寂寞的时候，你是自怨自艾还是选择像太阳一样把孤独射在自己生命的光辉里、去充实自己、反省自己呢？耐得住寂寞的人或者排遣寂寞的人，一定懂得生活；忍受得住孤独的人或者会享受孤独的人，即使成不了伟大的人物，也必然会有一颗伟大的心灵。

“寂寞”二字究竟是褒义词还是贬义词？你不需要追求，但你需要明白，寂寞不等于孤独。一个人孤独，那是因为身边没有朋友而言；而一个人寂寞，那是自己给自己的独有空间。

人生很多时候是不尽如人意的，失望、颓废、空虚。在迷茫的岁月长河中，人又有多少时候是春风得意的呢？生活坎坷，岁月蹉跎，在岁月的长河浪尖上，学会享受寂寞也是对自己的一种挑战。

“孤独和寂寞是一种远离人间的美丽”。这样说法似乎有一定的道理，人不能过分地沉湎于往事的回忆中去。人不能仅仅生活在回忆中，把心放到未来，放到自己需要做点什么事情上来，这样，你的生活就会永远的有追求，有理想，有兴趣。

学会自我调节，学会享受一个人的寂寞，有一颗平静的心，做好你自己，你的生活就会更加成熟，更加深沉，更加充实。

有甲、乙两个人看风景，开始的时候你看我也看，两人都很开心。后来甲要了一个小聪明，走得快一点，比乙早看一眼风景。乙心想，怎么能让你比我早看一眼，就走得更快一点超过甲。于是两人越走越快，最后跑起来了。原来是来看风景的，现在变成赛跑了，后面一段路程的沿途风景两人一眼也没看到，到了终点两人都很后悔。这就是不会享受生命这个过程。

不仅仅是看风景，对待生活何尝不是如此呢？享受一份独立于世俗之外的宁静，也不是追风，不是为了寂寞而选择孤独。

然而，我们生活的周围，为了彰显自己超然于物外，一些人宁愿独处，也不交朋友。他们以“自我中心”与“被动”，等着别人先关心自己，建立关系。事实上，久而久之，他们便真的失去了朋友，内心世界也真的孤独了。其实，在喧嚣的人世间，人们要保持内心的宁静，坚定自己的信念，而不是把自己孤立起来。因此，从现在起，不妨大胆地走出自我限定的时间吧：

1. 交几个知心朋友

“千里难寻是朋友，朋友多了路好走。”“朋友是自己成功的阶梯。”“朋友是人生中宝贵的财富。”这些话都说明了朋友对人们的重要性，也说明了人们对友情的渴望。两个亲密的朋友会无话不谈，即使是在很远的地方也能够感觉到彼此之间的存在，会互相帮助，共同成长。

2. 心情不好时最好找能帮助你排遣压力的知己倾诉

把你的困扰说出来，也许你会觉得舒服很多。那么你可以找一些可以信任的朋友，一起出去喝喝咖啡，把你的困扰告诉他们。

当然，当一个人独处的时候，如果发现情绪不好，还可以离开家门，强迫自己转移注意力，可以随意散散步，找一个热闹的地方看看风景，把糟糕的心情调整过来。

事实上，日常生活中也充满了交友的机会。例如在每大上班搭乘的公车里、在图书馆中、在公园中遛狗时……你可以经常在合适的时刻与人交谈。若有机会（例如两人每天上班必须搭同一班车），双方就可以进一步成为朋友。即使没有机会，一个微笑、一句问候的话，都可以带给自己和别人一些温暖，让这世界变得美好些。

情绪调控法：

寂寞，有的时候是有益健康的。一个人静静地待在一处，放飞盛满梦的风筝，让自己在孤独中摘回一个美丽的青春，在岁月的长河浪尖上，回味着自己的往事，遐想着自己的未来，默默的守望自己那一份情怀。

呼吸自由空气，别让仇恨奴役你

对于二十来岁的女孩来说，人生经验尚浅的你们，在日常生活中，很容易与人产生误会和摩擦，如果不注意轻动了仇意，仇恨袋便会悄悄成长，最终会堵塞通往成功的路。如果仇恨是火的话，这团火藏在你的心里，而你一直仇恨的对象却在你的心外，那么这团火就在烧着你自己的心，而对方只能感受到一点点热度而已。所以，放下仇恨吧，远离仇恨，学会宽容，那么也就是在宽容自己。

在古希腊神话中有这样一则故事：

一个人行走在马路上，突然看到一个小球挡住了自己前进的路，于是，他便准备踢走这个小球，谁知，这个球居然越踢越大，此人觉得很奇怪，于是，继续踢，谁知道，这个球居然不断膨胀，顶天立地，吓得此人畏惧不已。这时，雅典娜女神出现了，告诉他，这个小球叫“仇恨”，如果你不去碰它，它会安然无事，如若它遇到不断撞击就会加剧膨胀，一发而不可收。

这就是仇恨的“球”，它并不是生长在路边，而是生长在人们的心中。每当你为一件小事仇恨时，它就在不断地膨胀，而每每它膨胀堵塞了你的心灵天空之时，终会爆炸……

弗洛伊德认为，仇恨深藏于人与人之间所有友爱关系的背后。我们需要爱，就如同需要水、空气一样。但正是因为爱的存在，当爱发生错乱时，恨也就产生了。生活中，我们常会发现一些人因爱生恨，将自己的爱人置于死地。因为仇恨，一个人可以把自己的生命当成人体炸弹；因为仇恨，人类的战争从未停消。仇恨吞噬生命、肉体和精神的健康。冤冤相报是我们所不愿看到的。看穿历史和现实的愤懑仇恨，得大解、得大悟是人生的宝贵财富。

事实上，女孩，在你的生活中，只要与你打交道的人，都有可能成为你仇恨的对象。你仇恨的是别人，但仇恨之火却在你自己的内心燃烧。此外，仇恨还可能使你的行为反常、烦躁易怒，最终变成一个十足的讨厌鬼。

仇恨看似是人的一种情感，但它的杀伤性是具有毁灭性的。摒除对他人产生的影响，我们自身一旦被仇恨烧伤内心，那么这种感受将无休无止地煎熬着我们。

其实，仇恨并非无名之火，它是由他人的行为引起的。认清这一点后，你就要想方设法灭火。然而，仇恨的存在与消失都和仇恨的对象无关，你只有改变自己的心态，从自己身上找问题，才不至于让仇恨之火蔓延。

排解仇恨情绪是一个净化心灵的过程。你可以试着说服自己：别人确实伤害了我，但我对此也有一定责任。然后，你可以慢慢接受现实，从心底理解和原谅他人，进而让仇恨情绪随着时间的推移逐渐淡去。另外，你也应学得宽容一些，不再那么容易受伤，这样才能防患于未然，不让仇恨之火轻易燃起。

因此，不要再执拗地将仇恨放在心里了，因为这会让你失去理智。是的，仇恨有什么意义呢？何不放下它，保留一个完美的结局，而非“两败俱伤”。当仇恨在你心中化解的时候，会发现做人原来是这样轻松惬意，幸福心情是这样唾手可得，人生是这样美妙神奇。

可能不少女孩会产生这样的疑问，该怎样摆脱仇恨的奴役呢？

1. 学会宽容，懂得忍耐

很多时候，我们都需要宽容，宽容不仅是给别人机会，更是为自己创造机会，只有忘记仇恨，宽宏大量，才能与人和睦相处，才会赢得他人的友谊和信任，才会赢得他人的支持和帮助。

2. 转换角度，找出事情良性的一面

每件事情都有两面性，有好的一面，也就有坏的一面，人之所以仇恨，就是因为人只看见了坏的一面，如果你试着向好的一面看，仇恨也许会消除。

情绪调控法：

仇恨使人们相互倾轧、相互远离，是让人们相互依存的同盟分裂、瓦解的东西，所以，丢掉仇恨，你也就拯救了自己。每个年轻的女孩都要学会宽容，在你生活中的很多小事都是你仇恨的根源。而事实上，只要学会放下，你的心中就会装满愉快，与人为善，也就与己为善；与人方便，也即与己方便，或许你会因此活出自己的新天地。

内心淡然，不大喜大悲

生活，本就是一个充满着复杂事物的名词。按照世俗的标准，人们在做事的时候，有成功，就有失败；有得意之作，也就有失意之作；有过艰辛，当然也伴随着快乐。成功如何？失败如何？其实，这些都是生活的插曲而已。“凡事顺其自然；遇事处之泰然；得意之时淡然；失意之时坦然；艰辛曲折必然；历尽沧桑悟然。”这“六然”的句子，凝集了人生的处世智慧。然而，人们更愿意相信事在人为。当然，相信人的力量是积极向上的一种表现，但刻意的追求可能会带来失落、沮丧、遗憾等，以自然的心态面对，反而会收获满满！

现实生活中，不少年轻女孩会很情绪化，高兴了就笑，悲伤了就哭，这是因为她们缺少历练，做不到内心平和淡然。为此，每个女孩，无论得失，你要调整自己的心态，要超越时间和空间去观察问题，要考虑到事物有可能出现的极端变化。这样，无论福事变祸事，还是祸事变福事，都有足够的心理承受能力。

据史书记载,距今一千四百多年前,我国南北朝时期的北魏,有一位名叫罗结的大将军,是个罕见的长寿者,终年120岁。他在谈长寿秘诀时说:"饮食有节,起居有常,作息有时,清心寡欲,少说多做,无忧无虑。"当时的太武帝听后欣喜地说:"大将军所言极是,世上许多美事,人们顺其自然,即不欲而得。"他用"顺其自然"四个字概括了一个大道理。

据官网消息:截止到2009年9月1日,中国(不包括港澳台)健在的百岁老人40592名,约占全国人口总数的3.06/10万;占世界百岁老人的11.94%。

中国十大寿星的长寿秘诀:一是饮食节制,二是起居规律,三是心胸宽广,四是家庭和睦,五是勤劳好动,六是遗传基因。

大麦当娜是流行乐坛几十年的大姐,可谓久经沙场,但却在她47岁生日那天乐极生悲。

麦当娜的骑术很不赖。因为自从结婚后,她开始迷上了乡村生活中的骑术,并一直都在学习。麦当娜的骑马教练理查德·特纳认为:麦当娜是个非常棒的骑手,身手非常灵活和矫健,因此,在得知麦当娜发生这样的事故后,很是惊讶。原来事情是这样的:

在她47岁生日那天,她的老公盖伊·瑞奇送给她一匹马作为生日礼物。她高兴极了,于是她立即跃身上马,准备在老公和孩子们面前一展她的骑士风采。而实际上,麦当娜对当天所骑的那匹马的性情一点也不熟悉,骑术本来还可以的麦当娜根本无法驾驭这烈性的畜生,最终从马上摔了下来,造成锁骨和三根肋骨骨折,以及一只手受伤的严重后果,不得不送进医院进行治疗。

麦当娜从马上摔下受伤,就是她乐极生悲的结果。古人言:"乐不可及,乐极生悲;欲不可纵,纵欲成灾。"这是妇孺皆知的道理,麦当娜也明白这个道理,但她却在生日当天头脑发热,化悲为喜。

"乐极生悲"一语在中国几乎妇孺皆知,但一般人对它的理解,往往是因快乐过度而忘乎所以、头脑发热、动止失矩，结果不慎发生意外，惹祸上身，化喜为悲。

科学研究表明，“入静状态”能使那些由于过度紧张、兴奋引起的脑细胞机能紊乱得以恢复正常。你若处于惊慌失措、心烦意乱的状态，就别指望能理性地思考问题，因为任何恐慌都会使歪曲的事实和虚构想象乘虚而入，使你无法根据情况做出正确的判断。以下几点是告诉你如何保持情绪稳定以便迅速进入“入静状态”的方法：

(1)做一切可使你轻松愉快的事。当你平静下来，再看不幸和烦恼时，你也许会觉得它实际上并不是什么大不了的事。

(2)驱除你忧伤与烦恼的所有言行，保持你在遭受不幸和烦恼前的生活、学习和工作秩序。要记住：你的感觉和想象并不是事实的全部，实际情形往往要比你想象的好得多。

(3)人所陷入的困境往往来源于自身，因此，对自己和现实要有一个全面正确的认识。这是突变面前保持情绪稳定的前提之一。

(4)当你被暴怒、恐惧、嫉妒、怨恨等失常情绪所包围时，不仅要压制它们，更重要的是千万不能感情用事，随意做出什么决定。

(5)当你处于困境时，要多想想别人，别人能渡过难关，自己为什么不能调动潜能去应付突变呢？

当然，凡事追求顺其自然，并不是消极避世，而是站在更高层次来俯视生活的一种睿智。当你做到顺其自然时，那淡然、泰然、必然、坦然、悟然也就水到渠成了。

情绪调控法：

生活中的每一个年轻女孩，都要学会：生活无论遇到什么事，心态一定要调整好，应随时随地、恰如其分地选择适合自己的位置，既不以福喜，也不以祸忧，才能在事情的起承转合上控制好！

女孩学会从容淡定，选择了就不要再后悔

现实生活中，相信大部分年轻女孩在工作或生活中都要面临两难的抉择，但无论你做出了什么样的选择，都不要后悔，否则，只会给你带来很多困扰。女孩们，我们不妨先来看下面的故事：

法国哲学家布里丹养了一头小毛驴，每天向附近的农民买一堆草料来喂。这天，送草的农民出于对哲学家的景仰，额外多送了一堆草料，放在旁边。这下子，毛驴站在两堆数量、质量和与它的距离完全相等的干草之间，可是为难坏了。它虽然享有充分的选择自由，但由于两堆干草价值相等，客观上无法分辨优劣，于是它左看看，右瞅瞅，始终也无法分清究竟选择哪一堆好。于是，这头可怜的的毛驴就这样站在原地，一会儿考虑数量，一会儿考虑质量，一会儿分析颜色，一会儿分析新鲜度，犹犹豫豫，来来回回，在无所适从中活活地饿死了。

小毛驴在充足的两堆草料面前，却落得个饿死的下场，真是令人匪夷所思。可见，迟疑不仅对人们做出正确的行为无丝毫的帮助，还会让人们延误时机，甚至酿成苦果。而实际上，除了动物以外，人类似乎也在重复这个幼稚的错误。

为人行事，必须坚决果敢，当机立断，一旦决定下来就应该马上去做，如果前怕狼，后怕虎，只会白白丧失很多机会，考虑太多只会造成“竹篮打水一场空”的后果。

二十来岁的女孩，你应该记住这个道理：只要是自己认定的事情，绝不可优柔寡断。犹豫不决固然可以免去一些做错事的机会，但也失去了成功的机遇。

这个道理同样可以运用到如何抓住机遇上，在你决定某一件事情之前，你应该运用全部的常识和理智慎重地思考。如果发现好的机会，就必须抓紧时间，马上采取行动，才不至于贻误时机。如果犹豫、观望而不敢决定，机

会就会悄然流逝，让你后悔莫及。瞻前顾后的行动习惯使人丧失许多机遇，很多时候，很多事情，如果你能横下心去做，事情的结果就会大不相同。

不要小看了优柔寡断的习惯给你带来的副作用，许多可以改变命运的契机，都因为你的优柔寡断而与你失之交臂，永不再来。

有一位企业领导，他有个长处，那就是不受他人干扰，即使有人在他旁边唠唠叨叨，他也能静下心来把事情完成，并且，干净利落，决不拖泥带水。他那种明快果决的本领，十分使人折服。不得不说，现实生活中的年轻女孩，很难做到这样，她们常被身边的各种问题困扰、烦心，因为她们太容易被周围人们的闲言碎语所动摇，太容易瞻前顾后，患得患失，以至于给外来的力量可以左右自己的机会。

那么，如何克服这种优柔寡断的坏情绪呢？经验证明以下方法卓有成效，不妨一试：做事时，要有“今天是我生命中的最后一天”的“荒诞”意识。

“假如今天是我生命中的最后一天”，这是美国畅销书《世界上最伟大的推销员》的作者奥格·曼狄诺警示人生的一句话。无论是谁，无论想干一件什么事，如果优柔寡断的话，就会一事无成。而这种意识，恰恰是一把利刀，可立即斩断你的忧思愁缕；也像一口警钟，督促你当机立断，刻不容缓。

同时你还要放下包袱，不顾一切，要有一种豁出去的心态。“大不了就是做错了”“大不了就是被人笑话一顿”，而这些又能对你怎么样呢？一旦你有了这样一种意识，肯定就会敢做敢当，优柔寡断的现象肯定会在你身上消失得无影无踪。

情绪调控法：

任何一个年轻女孩，要想摆脱优柔寡断的苦恼，就要训练自己的判断力，要坚定、勇敢、自信、果断。你若一直朝着目标前进，那么，他人一定会为你让路。而对一个摇摆不定、踌躇不前、走走停停的人，别人一定会抢到你前面去，决不会让路给你。

第 5 章

做情绪的主人，莫受他人坏情绪的影响

心理专家们认为，保持积极的情绪，并防止被坏情绪“传染”考验了人们的智慧和心理素养。的确，情绪是可以传染的，因此，每个年轻女孩，也都应该懂得自己掌握情绪，既不要让别人的坏情绪影响到自己，也不要让自己的坏情绪影响他人；同时，要把自己快乐、积极的情绪传递给他人。因为人们都渴望快乐，排斥痛苦，当你的积极情绪传递给他人的时候，必然会被他人所接受。

初入社会，女孩不必杞人忧天

从前，有个这样的故事：

古时有个国家叫杞国，这个国家有个人总是担心不可能会发生的事情，比如，天会塌地会陷，自己无处存身，想着想着，他便睡不着觉，吃不下饭。他的一个朋友来开导他，告诉他："天不过是积聚的气体罢了，我们生活的周围，到处都是空气，我们自身也在空气里活动，怎么会天塌地陷呢？"

那个人说："天果真是气体，那其他的日月星辰呢，会掉下来吗？"

开导他的人说："那些只是空气中发光的东西。"

那个人又说："如果地陷下去怎么办？"

开导他的人说："地是由土块构成的，我们站立的地面就是由土块组成的，每天我们都站立和行走在上面，怎么还会担心它会塌陷下去呢？"

经过这个人一解释，那个杞国人放下心来，很高兴；开导他的人也放了心，很高兴。

这就是杞人忧天的故事，这个故事常比喻不必要的或缺乏根据的忧虑和担心。可能你会觉得故事中的这个人很可笑，然而，生活中同样有这样自寻烦恼的人。

女孩，可能你现在担心很多问题，比如，如何才能让领导和同事喜欢你，如何以最快的速度晋升，甚至还会担心以后的婚姻问题等，但你需要记住的一点是，应把握当下、专注于手头工作。要想提高工作效率，就要让自己的心安宁下来，"世界上怕就怕'认真'二字"说的就是，如果我们能安下心来认真做一件事情，就没有做不好的。

赵小姐今年25岁，她最近给心理专家寄去了咨询信，信中说她近来看到一些不好的事物或现象，心里面就会产生一些不好的联想。比如看到有的妇女不孕，就担心自己如果和她们在一起，也会跟着患不孕症；有时候爱人出差了，她就会担心他在路上出车祸。赵小姐说，自己明明知道这些想法是杞人忧天，也总是想找一些办法来排除，但就是解决不了。

这种自寻烦恼的现象，就是“现代焦虑症”。那么，杞人忧天者到底忧从何来呢？

现在生活条件改善，人们不再为吃穿发愁，一旦社会适应能力减退，加上受到挫折，就容易诱发焦虑症。焦虑症有三个症状，即情绪焦虑、植物性神经功能失调和运动不安。焦虑症有急性和慢性两种：急性焦虑症起病突然，病人感到有一种说不出的紧张和恐惧及难以忍受的不适感觉，即使坐着，也手脚不停，双眉紧锁，焦虑不安。慢性焦虑症起病缓慢，病程持久，焦虑程度时有波动，注意力难以集中，病人对任何事情均丧失兴趣，对自身健康状况忧虑重重；由于对体内不舒服过于敏感，从而产生疑病症状，总以为自己得了疑难杂症或不治之症，纠缠不休地对医生讲述病情。

慢性焦虑症病人的植物性神经系统症状表现在胃肠道方面，可有胃区发烧、打嗝、腹胀、腹泻等。焦虑症患者大多易紧张，焦虑，过高估计困难，十分注意体内轻微不适，遇挫折易过分自责。若遇到一些精神因素，便容易发生焦虑症。更年期的人激素水平降低，更容易罹患此症。得病后应尽早找心理医生诊治。

对于赵小姐，心理专家建议她不要企图强行自己排除头脑中的这些“想法”。当然，这种情况也不是重症精神病，不是“疯子”，而是一种神经症，只要减轻心理负担，很多像这种情况的人经治疗都能得到改善。

那么，对于二十来岁的女孩来说，该怎样才能做到让心安宁、不再忧虑呢？

1. 尝试着让自己安静下来

如果你的心无法安静的话，你可以尝试着先换一下环境，然后闭上双眼，深呼吸，慢慢地放松，多尝试几次会好点。

2. 多问自己为什么

如果你因为想一个问题想得太过于复杂的话，可以尝试着问自己，自己想这个问题究竟是为什么？什么让自己变得这样？多问几次后，就可以了解自己的困惑，从而从心底去除这个杂念。

3. 养成良好的睡眠习惯

如果你是“夜猫子”型的，奉劝你学学“百灵鸟”，按时睡觉按时起床，养足精神，提高白天的学习效率。

4. 学会自我减压，别把成绩的好坏看得太重

一分耕耘，一分收获，只要你平日努力了，付出了，必然会有好的回报，又何必让忧虑占据心头，去自寻烦恼呢？

5. 学会做些放松训练

舒适地坐在椅子上或躺在床上，然后向身体的各部位传递休息的信息。先从左脚开始，使脚部肌肉绷紧，然后松弛，同时暗示它休息，随后命令脚脖子、小腿、膝盖、大腿，一直到躯干部休息，之后，再从脚到躯干，然后从左右手放松到躯干；这时，再从躯干开始到颈部、头部、脸部全部放松。这种放松训练的技术，需要反复练习才能较好地掌握。而一旦你掌握了这种技术，会使你在短短的几分钟内，达到轻松、平静的状态。

总之，如果你心中忧虑、无法安宁下来时，倍感苦恼时，相信以上几点能帮助到你。

情绪调控法：

对于不少刚参加工作的女孩来说，她们总是为明天而忧虑，担心明天的生活，明天的工作，但实际上，这只不过是杞人忧天。谁也无法预料明天，你所能掌控的只有当下。

女孩做自己，情绪也需要有主见

生活中，相信大部分女孩都有这样的体会：原本你心情很好，但被老板训斥了的同事走进来，怒气冲冲地所有人说："谁都别惹我，我今天心情不好。"你的心情是不是也跟着陷入了低谷？上班时，你是否听过同事抱怨工作不顺、压力太大？同事大倒苦水时，你是否面露关怀之色，认真倾听？的确，生活中，我们的情绪无时无刻不受人影响，并影响着别人。

美国一项研究显示，倾听同事的牢骚会让自己的压力增加，因为坏情绪会"传染"。

其实，有时候，女孩，在你周围发生的事，有时候与你并无多大关系，不要让别人的言行激起你的负面情绪。比如，当你逛街时，本来心情很好，却看到有人在街上谩骂，你马上感到他是在骂你，或是认为他不应该这样做，你也跟着掺和进去，跟他对骂，结果，你的心情变得很糟。又比如，你穿了一件漂亮的衣服去上班，有同事看到了不仅没称赞你的衣服漂亮，还说你看起来"更胖"，你的心情马上大打折扣。

雯雯是个漂亮的女孩，和所有女孩子一样，她爱美，但她的经济收入却不允许她购买一些高档时装，但这还是阻挡不住她逛街的欲望。这天下班后，她经过一家时装店，就进去看了看，无意中发现营业员好像心情不好，估计是被老板批评了。雯雯也没在意，就对她说："我想试一下这件衣服。"

这个女孩慢腾腾地走过来，一边拿一边慢条斯理地问她："你买吗?"谁都听得出来，这话有轻视的意味。

这句话严重地伤了雯雯的自尊心。她也一下子来气了，冲着女孩说："我买不买你都要给我拿出来。我是顾客，是你的上帝!"雯雯很没礼貌地摔门而出。

雯雯心情坏透了，嘴里还不停地嘟囔，以至于在进单元门的时候跟楼下的邻居撞了个满怀,从来不骂人的她居然本能地吐出一句“神经病”。

电梯等了好久还不下来,雯雯的心情糟透了。

这个时候,她的电话响了,她的一个大学同学从外地给她打来电话。这个同学告诉她,自己添了个宝宝。雯雯一听,也高兴坏了,满腔的不愉快突然全部无影无踪。

这里,时装店营业员从她的领导那里接受了愤怒,又把这种坏情绪传染给了雯雯;带着这种情绪,雯雯眼中的世界都充满了敌意,每个人、每件事都好像在跟她作对;而在接到同学喜讯后,她才又恢复了好心情。

人们常说:“人都是情绪化的动物。”任何人,尤其是年轻的女孩们,都不可能毫无情绪地生活,毕竟,世事难料。但你可以调整自己的心态,让自己的情绪稳定下来。这样,无论得失,你都能以坦然的心面对,也不会被他人的情绪所影响。

总之,女孩,在生活中,你应该懂得自己掌握情绪,既不要让别人的坏情绪影响到自己,也不要让自己的坏情绪影响他人;同时,要把自己快乐、积极的情绪传递给他人。

情绪调控法:

积极情绪就是人们因内外的刺激、事件满足了自己的需要,而产生的伴有愉悦感受的情绪。心理专家们认为,保持积极的情绪,并防止被坏情绪“传染”是要考验智慧和心理素养的。

情绪也要有自控力,摒除他人的有意干扰

生活中的年轻女孩,你是否经历过以下场景:下班后,你需要留下来赶点工作,但同时又是你竞争者的同事却一直在给你打电话,约你去喝一杯。你怎么办?你是继续加班还是经不住他的诱惑?如果你选择后者,那么,这

只能说明你是个容易被他人影响的人。

那么，如何避免这一问题呢？你应该提醒自己的是，他为什么要这样做？他有什么目的？这样一想，你就能分析出利弊得失，也自然能经受住他人的影响。

事实上，任何人，也包括年轻的女孩，无论做什么事，都要做到摒除外在的干扰，专心致志地朝着目标前进。

许多年前，一位颇有分量的女性到美国罗纳州的一个学院给学生发表讲话。

这是个很普通的学校，礼堂也并不大，但这位女性的到来，使得这所学院顿时热闹起来，礼堂更是挤满了人。学生都因为能听到这位女性的讲话而兴奋不已。

在经过州长的简单介绍后，这位女性缓缓地走到麦克风面前，凝视着台下的学生，然后开始了自己的演说："我的生母是聋子，我不知道自己的父亲是谁，也不知道他是否还活在人间，我这辈子所拿到的第一份工作是到棉花田里做事。"

学生们听到这，都呆住了，他们无法想象这样的生活。那位看上去很慈善的女人继续说："如果情况不尽如人意，我们总可以想办法加以改变。一个人若想改变眼前的不幸或不尽如人意的情况，只需要回答这样一个简单的问题。"

她以坚定的语气接着说："那就是我希望情况变成什么样，然后全身心投入，朝理想目标前进即可。"说完，她的脸上绽放出美丽的笑容："我的名字叫阿济·泰勒摩尔顿，今天我以唯一一位美国女财政部长的身份站在这里。"顿时，整个礼堂爆发出热烈的掌声。

阿济·泰勒摩尔顿是一位女性，一位生母是聋子、不知道亲身父亲是谁的女性，一位没有任何依靠饱受生活磨难的女性，而恰恰是这位表面柔弱的女性，竟成为了美国唯一一位女财政部长。说到自己的成功，她却只是轻描淡写地说："我希望情况变成什么样，然后就全身心投入，朝理想目标前进即可。"这句看似平淡的话语中，却告诉我们一个道理：任何人，在人生的道路上，只有看到前方光明的道路，看到成功后的喜悦，才能忍耐当下的痛苦与枯燥。

事实上，不少年轻女孩都有个通病，她们缺乏自控力，常常会被周围的人和事影响。诚然，扰乱你心绪的因素有很多，但你要懂得调节，具体说来，你需要注意以下几点：

(1)静下心来。要学会独处，然后去思考，把自己的心放空，这样，你每天都会以全新的心态和精神面貌去生活、工作。同时，你需要降低对事物的欲望，淡然一点，你会获得更多的机会。

(2)学会关爱自己，爱自己才能爱他人。多帮助他人，善待自己，也是让自己宁静下来的一种方式。

(3)心情烦躁时，多做一些安静的事，比如，喝一杯白开水，放一曲舒缓的轻音乐，闭眼，回味身边的人与事，对未来慢慢地进行梳理。

(4)和自己比较，不和别人争。你没有必要嫉妒别人，也没必要羡慕别人。你要相信，只要你去做，你也可以的。为自己的每一次进步而开心。

(5)不论在任何条件下，自己不能看不起自己。

(6)不要怕工作中的失误。成就总是在经历风险和失误的自然过程中才能获得的。懂得这一事实，不仅能确保你自己的心理平衡，而且还能使你自己更快地向成功的目标挺进。

(7)不要对他人抱有过高期望。百般挑剔，希望别人的语言和行动都要符合自己的心愿，投自己所好，是不可能的，那只会自寻烦恼。

(8)学会忍耐，用自己的智慧改变现有的状态。你需要把目光放长远一些，多一些忍耐，忍耐别人的讥讽；多一些忍耐，忍耐身体的疲惫；多一些忍耐，忍耐成功前较少的收获。需要忍耐的太多，但是能够看到成功的到来，任何忍耐都是值得的。

总之，每天保持一份乐观的心态，如果遇到烦心事，要学会哄自己开心，让自己坚强自信，只有保持良好的心态，才能让自己心情愉快！

情绪调控法：

对世俗的复杂环境能避开的就避开，不要轻信别人的胡言乱语，人要有自己的主见。你要有坚定的信念，只有自己当机立断，远离小人，你的事业才会成功。要相信自己的能力，一定能将工作做得更好。

淡定女孩坦然面对他人的不喜欢

现实生活中的女孩，可能你也发现，在你的周围，那些能做出一番成就的人，多半都是特立独行的，他们从不奢求让所有人喜欢他们，在他们追求成功的道路上，他们也听到了一些他人的闲言碎语，但他们始终坚持做自己，坚持自己的信念，最终，他们成功了。因此，初入社会的你，也应该明白一个道理：让所有人都喜欢你是很不成熟的想法，不必委曲求全，做好自己，你才能获得快乐。

然而，不少年轻女孩，社会阅历太浅，更容易情绪化，她们很难做到这样。她们常被身边的各种问题困扰、烦心，因为她们太容易被周围人们的闲言碎语所动摇，太容易瞻前顾后，患得患失，以至于给外来的力量可以左右她们的机会。这样，似乎谁都可以在她们思想的天平上加点砝码，随时都有人可以使她们变卦，结果弄得别人都是对的，自己却没有主意。

哲人尼采说："面对别人的不喜欢应有坦然的态度。对方若是从生理上厌恶你，即便你如何礼貌地对待他，他都不会立刻对你改观。不可能让全世界的人都喜欢你。以平常心相待便是。"诗人但丁也曾说："走自己的路，让别人去说吧。"因此，每个女孩，你要明白一点，你不可能获得所有人的支持和认同，面对他人的不喜欢，你应该持有坦然的态度。

有人问孔子："听说某人住在某地，他的邻里乡亲全都很喜欢他，你觉得这个人怎么样？"

孔子答道："这样固然很难得，但是在我看来，如果能让所有有德操的人都喜欢他，让所有道德低下的人都讨厌他，那才是真正的君子呢。"

美国前任国务卿鲍威尔这样总结自己的为人处世之道，与两千年前的孔子有异曲同工之妙："你不可能同时得到所有人的喜欢。"世界上确实有不少人，你越是努力和他结交，努力给他帮忙，他越是不把你放在眼里。反之，如果你做出成绩了，又不狂妄自大，自然能赢得别人的敬重。

然而即使你做得再完美无缺，也没有招惹任何人，仍然会有人看不惯你，仍然会有很多不利于你的传言。对某些心胸比较狭隘的人来说，你不需要招惹他，你在某方面比他优秀，这就已经招惹他了。

但其实反过来一想，无论你怎么做人做事，总是有人欣赏你，让所有人喜欢是件不可能的事，想让所有人讨厌也不那么容易。球星贝克汉姆也曾说："无法让所有人都喜欢你。"

的确，女孩，要想打破他人的成见，你最应该做的事是做好自己，用实力给他们致命的一击，正如贝克汉姆的表现一样。当然，即使那些偏见永远存在，也不必为之伤脑筋。你做任何事情，来自外界的评价都是两方面的，所以不要只看到杯子有一半是空的，还应该看到它还有一半是满的。对于别人的批评，有则改之，无则加勉，但没有必要影响自己的心情；对于看不惯你的人，如果他发现了你的缺点，应该勇于改正；如果是误会，应该解释，解释不清，就不去解释，不妨敬而远之，敬而远之尤不可得，就鄙而远之。

可能有不少女孩会有这样的疑问，该如何做到控制自我意识，坦然面对他人的不喜欢呢？

1. 不要总是依赖他人

那些习惯依赖他人的人才会把听从他人的意见当成一种习惯。因此，要树立并强化自我意识，就要首先破除这种不良习惯。你可以查一下自己的行为中哪些是习惯性地依赖别人去做,哪些是自作决定的。可以每天做记录,记满一个星期,然后将这些事件分为自主意识强、中等、较差三等,每周一小结。

2. 要增强自控能力

对自主意识强的事件,以后遇到同类情况应坚持做。对自主意识中等的事件,应提出改进方法,并在以后的行动中逐步实施。对自主意识较差的事件,可以通过采取提高自我控制能力来提高自主意识。

3. 独立解决问题

要克服摇摆不定的习惯,就得在多种场合提倡自己的事情自己做。因此,生活中,你再也不要让朋友或者父母当你的贴身丫鬟了,也不要让他人帮你安排所有事。比如,独立准备一段演讲词,独立地与别人打交道等。

总之,女孩,你需要记住的是,你的家人是爱你的,你也有那么几个互相欣赏、互相尊重的朋友,做人做事无愧于心,就没必要在乎那些少数人的眼光。

情绪调控法:

把事情做好的方法有很多,但首要的一条就是“不要试图把所有的事情都做好”;处理人际关系的准则也有很多,但最重要的一条是“不要试图让所有人都喜欢你。”因为这不可能,也没必要。

体会对方的心情,但不被坏情绪影响

美国夏威夷大学的心理系教授埃莱妮·哈特菲尔德及她的同事经过研究发现,包括喜怒哀乐在内的所有情绪都可以在极短的时间内从一个人身上“感染”给另一个人,这种感染力速度之快甚至超过一眨眼的工夫,而当事人也许并未察觉到这种情绪的蔓延。我们会有这样的体会:如果哪一段时间，你的领导心情不错，你的同事们都会被感染，大家的默契程度会提高，做起工作来也更得心应手；如果哪一天，领导情绪低落，则大家都不敢说话，工作积极性不高，工作效率也受到情绪的影响。当然，情绪的传染不仅仅在上下级之间这样明显，实际上，关系越密切、越熟悉的人之间，情绪的感染就会越明显。

不得不说，女性比男性更感性。尤其对于二十来岁的女孩来说，当她们周围的亲人、朋友、同事情绪低落时，她们会更容易被触动，并希望自己能安慰对方。但无论如何，你都不要被对方的消极情绪感染。

心理学家称，交谈时，人们会用令人惊异的速度模仿对方的面部表情、声音和姿势。这样做是为让自己更投入谈话，对对方的遭遇感同身受。

因此，现实生活中的女孩们，即使向交谈对象表达认同和理解，也要有主见，决不能被对方的坏情绪影响。我们不妨先来看下面一个故事：

以前，一天下午，一个在日本学习武功的美国人在地铁里遇见一位滋事挑衅的醉汉，车厢中的乘客都敢怒不敢言。他见醉汉实在太过分，准备好好教训一下这个家伙。醉汉见状，立即朝他吼道："哟呵！一个外国佬，今天就叫你见识见识日本功夫！"说罢，摩拳擦掌地准备出击。

这时，一位和蔼的日本老人朝醉汉招了招手。醉汉骂骂咧咧地过去了。

"你喝的是什么酒？"老人含笑地问道。

"我喝清酒，关你什么事？"醉汉依旧气势汹汹。

"太好了，"老人愉快地说，"我也喜欢这种酒。每到傍晚，我和太太喜欢温一小碗清酒，坐在木板凳上细细品尝。这样的日子真是叫人留恋。"接着，老人问他："你也应该有一位温婉动人的妻子吧！"

"不，她过世了……"醉汉声音哽咽，开始说起他的悲伤故事。过了一会儿，只见醉汉斜倚在椅子上，头几乎埋进老人怀里。

这里，我们发现，这位日本老人很善于安慰他人，面对气势汹汹的醉汉，他能以体贴的心情，让醉汉掏出心窝子话。

生活中的大部分女孩，可能也和故事中的老人一样善良，但你能做到在安慰他人的时候，也不被对方的坏情绪感染吗？

要做到这点，你需要做到以下几点：

1. 完善自己的个性

人的个性里，有很多消极因素，比如自私、骄傲、爱面子等这些不良个性或品质都容易形成一些负面情绪。心理学的研究显示，那些心直口快、心里藏不住秘密的人更容易把自己的情绪感染给他人，因为他们表达情绪的能力更强；另一方面，内心较为脆弱的人则更容易接收他人的情绪。

因此，你若想不被他人的负面情绪左右，就要首先完善自己的个性，当你变得宽容、大度、善良的时候，自然会心胸开阔起来。

2. 有足够的爱心和耐心

任何负面的、消极的情绪，一旦遇到了爱，就如冰雪遇到了阳光，很容易就消融了。如果你想体会对方的心情，就要学会用爱心和耐心去关怀对方，让对方对你打开心扉。

总之，善良是女孩的天性，但你同样有控制自我情绪的能力，否则，你只会被对方的坏心情左右，影响自己的工作和生活。

情绪调控法：

任何人的负面情绪都是有原因的。你要学会体会他人的心情，但还要注意防止被他人的负面情绪感染。

女孩学会把好情绪带给别人

我们都知道，女孩天生比男孩更善良，更富有同情心，更容易对周遭发生的不公正事情产生情绪，情绪也更容易被感染。每个女孩都应该有自己的主见，才能避免也被他人的坏心情影响。关于感染，在词典中一解是“受到感染”，另一说是“通过语言或行为引起别人相同的思想感情”。生活中情绪的感染总会在经意和不经意中影响着人的生活。人生坎坷，不会总是一帆风顺，生活中有太多太多的不如意，不如意的事会或多或少地感染着每一个人，让人无法回避。坏情绪总是在有意无意中影响着他人的生活，那么，女孩，你何不反过来想一下，当他人情绪不好的时候，你是否也可以通过传达自己的好情绪的方法，让他人快乐起来呢?

女孩们，我们不妨先来看下面的故事：

孙中山先生曾在广州大学做过演讲，当时，来听演讲的人很多，教室通风口不够，空气很差，所以有些人精神较差，显得比较疲倦。孙中山先生看到这种情况，为了提起听众的精神，改善一下场内的气氛，于是巧妙地讲了一个故事：

小时候在香港读书，有一天，我在码头看到一个搬运工人买了张马票，但好像没地方放，只好放在平时自己寸步不离的竹竿里，顺便记下了马票的号码。

没想到的是，他真的中奖了，还是头奖，他高兴得手舞足蹈，然后竟然将手上的竹竿扔到大海里了，因为他再也不需要靠这支竹竿讨生活了。当兴奋劲过去了之后，他发现兑奖是要票的，这才想起马票放在竹竿里，便拼命跑到海边去，可是连竹竿影子也没有了。

讲完这个故事，听众当中议论纷纷，笑声、叹息声四起，结果会场的气氛活跃了，听众的精神振奋了。于是孙中山先生抓住时机，紧接着说，“对于我和大家，民族主义这根竹竿，千万不要丢啊!”很自然地又回到原有话题的轨道上。

故事中，孙中山就很善于调动听众的情绪，当大家昏昏欲睡时，他巧妙地通过一个故事，将大家的关注点重新带到他要演讲的问题——民族主义上。

从这个故事中，女孩，你也可以明白的是，当遇到别人处于坏情绪时，你需要做的不是与他动粗，“以暴制暴”，而是用健康的情绪去感染他，转移他的注意力，引导他产生愉快的心情。实验表明，人们在相互交流接触时，情绪会通过手势、语言、眼神等方式传递给他人。我们如果能安抚别人的情绪，将自己的快乐传播给他人，将是一件很有意义的事情。

那么，你该如何把好情绪传染给他人呢？

1. 先让你自己变得快乐起来

每天早上起床时，你都可以这样暗示自己：“今天将是美好的一天！”并让这个自我激励深入到潜意识中去。当你在奋斗过程中精神不振的时候，这样的潜意识就会引导你采取热情的行动，变消极为积极，焕发奋斗的活力。

2. 体谅他人的情绪

要感染他人，首先就要理解他人。比如，他人对你不友好，或许他原本无心，只是刚刚遇到了不顺心的事，当时正在气头上，而你无意中做了他的“出气筒”。对这样的情形，你不必往心里去，尽量宽容为怀，体谅他人。只有树立正确的态度，你才可能、有意愿去帮助他人摆脱负面情绪。

3. 表达你的热情

你不要指望冷漠的态度会起到感染他人的作用。热情与快乐是一对连体婴儿。对方在感受到你的热情时，自然也就对你敞开了心扉，也会逐渐感染你传达给他的情绪。

4. 幽默

幽默是一种特殊的情绪表现，也是人们适应环境的工具。具有幽默感，可使人们对生活保持积极乐观的态度。许多看似烦恼的事物，用幽默的方法对付，往往可以使人们的不愉快情绪荡然无存，立即变得轻松起来。

其实，不难发现，那些快乐的人，他们总是有更多的朋友，更有号召力，这就是快乐的影响力。因此，你也要学会将自己的喜悦分享给他人，于人于己，这都是一件很有意义的事。

5. 让你的微笑活泼一点

微笑是人类与生俱来的本能，然而，可惜的是，这一本能却常常由于各种原因被人们搁浅、关闭甚至遗忘。不笑的原因就挂在嘴边：上班族说是因为太多繁杂重复的例行公事，老板们说是因为企业面临的巨大压力……尤其在陌生的环境里，微笑最容易被我们忽略。

如果你的微笑可以活泼一点，将更能表现你的真诚与快乐。当你对别人说“谢谢”的时候，要真心实意，言必由衷。你说的“早安”要让人觉得很舒服，你说的“恭喜你”要发自肺腑，你说“你好吗”时的语气要充满了深切的关怀。一旦你的言词能自然而然地渗入真诚的情感，你就拥有了引人注意的能力了。

情绪调控法：

每个年轻的女孩，不但要做自己情绪的主人，还要用好情绪影响周围的人。人生苦短，何必让他人承受你的负面情绪，你应该做的是带着笑脸回家，微笑面对朋友，用开心和快乐去感染家人，感染同事，感染朋友……尽情享受生活的甜蜜与温馨。远离一切不快情绪的感染，给家人一份快乐，给同事一份快乐，给社会一份快乐。

专注能让你摒除他人坏情绪的影响

相信任何一个女孩都明白一个道理，无论是工作还是学习，都需要你做到有严密的思维，踏实的行动，吃苦的精神，顽强的毅力。而心神不定则是大敌。然而，真正让你浮躁的，并不一定是外在世界的动静，还有可能是你内心的“动静”。也就是说，只要你内心安宁，都能摒除外界的干扰，其中也包括别人的坏情绪。我们先来看下面一个故事：

宁宁在一家广告公司工作，这个周末，领导交代她完成一个策划案。一大早起来以后，她就开始写了，但总是写不进去，甚至一打开电脑就晕，看到书本上的字就烦。刚好，这会儿又是邻居家小雅练钢琴的时间，她甚至能感觉到小雅敲击琴键的声音，她还听到了楼底下大妈、阿姨们唠叨、抱怨的声音，这些都充斥在她的耳朵里，她再也写不进去了。

这会儿，父亲敲了敲门，他走了进来，看到宁宁烦躁不安的样子，他问："闺女，怎么了？"

"爸，外面太吵了，我根本工作不了。"宁宁说。

"是吗？其实每个周末外面都会有这样的动静，甚至有时候小区有活动的时候比今天还热闹，那时候，你不都能安安静静地学习吗？"

"您说的也是，那我今天是怎么了呢？"

"其实，你工作不进去是因为心不静，做事最重要的是沉下心来，可能是平时周末你都和小姐妹们一起逛街、看电影，而这周末突然要工作，心情不好吧。如果你能多想想完成工作后的快乐，也许你就能心平气和了。"

"爸爸你说得对，但我该怎么减压呢？"

"你也忙一周了，要不上午就先出去玩玩，等下午回来再做策划案也不迟，好不好？"

"嗯，听爸爸的……"

故事中的女孩宁宁为什么在工作时总是静不下心来？是因为外在环境太吵闹吗？当然不是，正如她父亲所说的，环境还是那个环境，只是内心不宁静，才烦躁。

的确，做任何事，都需要做到集中精力、全身心投入，要做到"身心合一"，来不得半点虚假，不能有任何私心杂念。然而，生活中，不少女孩却常常容易被周围人的情绪感染，比如，周围同事聊开心事，她会被感染；朋友伤心无助，她也会无心工作，这样的女孩的工作效率是低下的。我们不难想象，一个"身在曹营心在汉"的人怎么可能高效率地做事？

总之，专注，也就是保持良好的注意力，是大脑进行感知、记忆、思维等认识活动的基本条件，专注能助你提高工作效率，同时也能帮助你摒除他人坏情绪的影响。

情绪调控法：

每个年轻女孩在做事过程中，都应充分发挥自己的主观能动性，排除各种干扰，摆正学习心态，使自己心底单一，才能无坚不摧，才能把你的全部精力投入到手头事中。

第6章

善待自己的内心，给坏情绪找一个出口

现实生活中，每个初入社会的女孩，难免都会遇到一些不顺心的事情，不快的情绪如果没有及时得到宣泄，将会有害身心健康。因此，每个女孩都要懂得宠自己，当你内心被坏情绪这一毒瘤占据时，一定要及时排毒，你可以有意识地做点别的事情来分散注意力，缓解情绪，如听音乐、运动、倾诉等方式，从而将心中的苦闷、烦恼、愤怒、忧愁、焦虑等不良情绪通过这些有情趣的活动得到宣泄。

女孩别压抑,找到适时的宣泄方式

自古至今,关于女人的描写比比皆是,刘兰芝的“腰若流纨素,耳著明月当,指如削葱根,口如含珠丹”;杨贵妃的“回眸一笑百媚生,六宫粉黛无颜色”;黛玉的“闲静时如姣花照水,行动处似弱柳扶风”。美丽是女人的代名词,而很多时候,女人的美丽就因为一些不良情绪失了色。

生活中的女孩,相信你也会有情绪,但聪明的女孩懂得宠自己,她们善于以正确的方式排解心中的不快,而不是将情绪压抑在心中。

女孩,你是否遇到过这样的情况:一大早,六点钟的闹钟就把你惊醒,因为八点钟之前你就要到公司,而你还必须得在今天的会上发言;当你为此不安时,家里的猫咪却不小心打翻了你的早饭,你更是火冒三丈,眼看着你就快要失控了;当你好不容易赶到办公室,却发现自己已经迟到了,你的名字已经挂在了迟到者名单上,这月奖金又没了;你心里倍感委屈,生活怎么这么艰辛?

其实,生活、工作中,类似于这样的让你产生负面情绪的事情实在太多,孩子不顺心、同事不合作、上司没来由的批评等,都会成为你情绪的导火索。此时,如果处理不当,就很有可能造成人仰马翻的惨剧。

当然,如果一味地压制这些情绪,问题也并不会因此解决,同时,积压在身体内部的负面能量反而不利于你的身心健康,比如会引发头痛、胃病等,所以压抑绝不是面对愤怒的最好方法。

每个人都会对身边的事情产生情绪,人类本身就是情绪化的,都有喜怒哀乐,那些脾气好的人也并不是没有情绪,也并不是一味地压制自己的情绪,而是懂得以正确的方式排解心中的不快,而不是将情绪传染给身边的人,让他们成为情绪发泄的对象。面对情绪,你可以适时找到合理的宣泄方式,把情绪放走。

所谓合理发泄情绪,是指在心中产生不良情绪时,在发泄的时候,选用合适的方式方法,选择合理的场所。

有以下几种发泄悲观情绪的方法:

1. 倾诉法

当你觉得内心憋闷、心情抑郁时,可以选择倾诉的方式来派遣,倾诉的对象可以是你的朋友、同事,也可以是你的亲人,这样使消极情绪发泄出来后,精神就会放松,心中的不平之事也会渐渐消除。

2. 哭泣

人们面对突如其来的灾祸、精神和身体上的打击,都可以选择一个合适的场所放声大哭,这是一种积极有效的排遣紧张、烦恼、郁闷、痛苦情绪的方法。

3. 摔打安全的器物

如枕头、皮球、沙包等,狠狠地摔打,你会发现当你精疲力竭时,内心是多么畅快。

4. 高歌法

唱歌尤其是高歌除了愉悦身心外,它还是宣泄紧张和排解不良情绪的有效手段。

的确,坏情绪是影响人际关系的"无形杀手",然而,生活中的人们,却无一例外地受七情六欲的影响和支配,都会被各种情绪所困扰。为此,女孩,你不但要控制坏情绪,还要学会排除情绪。当你被坏情绪所困扰,又不能对他人发泄的时候,不妨尝试自我调节和放松。心理学家认为,"在发生情绪反应时,大脑中有一个较强的兴奋灶,此时,如果另外建立一个或几个新的兴奋灶,便可抵消或冲淡原来的优势中心。"你因为某件不顺心的事情烦躁、暴怒的时候,可以有意识地做点别的事情来分散注意力,缓解情绪,如听音乐、散步、打球、看电影、骑自行车等活动,都有利于缓解不良的情绪。

情绪调控法:

人不仅要有感情,还要有理智。如果失去理智,感情也就成了脱缰的野马。在陷入消极情绪而难以自拔时,你不能压抑,而应该适时找到宣泄的方式,才能及时卸下包袱,继续上路!

转移注意力,分散不快乐

生活中,相信每个女孩都知道,情绪,是一把双刃剑。当情绪被我们牢牢地掌握时,情绪就成为我们驯服的奴隶,我们便随时可以让坏情绪远离我们。无论顺境逆境、成功失败、得意失意,我们始终能保持冷静的头脑从容面对,泰然处之眼前的事,体现修养和品质。但当情绪占据了我们的生命而挥之不去时,我们便沦为了情绪的奴隶。此时,坏的情绪可能使我们变得盲目、冲动、急躁、易怒,生活的常规被改变,人生的帆船在飘摇,于是失落、伤感、沮丧、绝望接踵而至,甚至歇斯底里,我们最终被情绪逼近了死胡同。其实,谁都有坏情绪,面对坏情绪,只要我们调节,就能及时消除,其中,重要的方法之一就是转移注意力。

玲玲在一家外企工作,平时工作很忙,也难免与客户或同事产生一些摩擦,但她有一套调整情绪的方法,这个习惯得益于一年前的一次事件。

刚进入公司时,她是公司的一名小职员,受到同事们的轻视。

一次,她忍无可忍,决定离开这个公司。临行前,她用红墨水把公司里每一个人的缺点都写在纸上,将她们骂得体无完肤。骂完后,她的怒气逐渐消去,决定继续留在公司。从那次以后,每当心中愤怒的时候,她总是把满腹牢骚都用红墨水写在纸上,立刻感觉轻松不少,好像一个被放了气的皮球一样。这些纸条一直被她隐藏起来,从不拿给别人看。后来,同事们知道她的这种宣泄怒气的方法后,都觉得她极有涵养。上司知道后,也对她青睐有加。

故事中的玲玲的调整情绪的方法值得每个年轻女孩学习。的确,生活中难免会遇到一些不顺心的事情,不快的情绪如果没有及时得到排解,将会有害身心健康。但是,假如你凡是遇上不顺心的事情,就将自己不快的情绪发泄到家人或朋友身上,又会伤害身边最亲近的人,甚至影响家庭或同事间的和睦关系。其实,当出现不良情绪时,可以将注意力转移到其他活动上去,忘我地去干一件自己喜欢干的事,如练习书法、打球、上网等,从而将心中的苦闷、烦恼、愤怒、忧愁、焦虑等不良情绪通过这些有情趣的活动得到宣泄。

那么,生活中的女孩们,又该如何转移注意力,分散不快乐呢?

1. 倾诉

倾诉可取得内心感情与外界刺激的平衡,去灾免病。当遇到不幸、烦恼和不顺心的事之后,切勿忧郁压抑,把心事深埋心底,而应将这些烦恼向你信赖、头脑冷静、善解人意的人倾诉,自言自语也行,对身边的动物讲也行。

2. 读书

读感兴趣的书,读使人轻松愉快的书,读时漫不经心,随便翻翻。但抓住一本好书,则会爱不释手,那么,尘世间的一切烦恼都会抛到脑后。

3. 求雅趣

雅趣包括下棋、打牌、绘画、钓鱼等。从事你喜欢的活动时,不平衡的心理自然逐渐得到平衡。“不管面临何等样的目前的烦恼和未来的威胁,一旦画面开始展开,大脑屏幕上便没有它们的立足之地了。它们隐退到阴影黑暗中去了,人的全部注意力都集中到了工作上面。”伊丽莎白就是通过画画治好了忧郁症。

4. 做好事

做好事,获得快乐,平衡心理。做好事,内心得到安慰,感到踏实;别人做出反应,自己得到鼓励,心情愉快。从自己做起,与人为善,这样才会有朋友。在别人需要帮助时,伸出你的手,施一份关心给人。仁慈是最好的品质，你不可能去爱每一个人，但你尽可能和每个人友好相处。

情绪调控法：

每个人都有不良的情绪，这很正常，任何一个女孩都要懂得宠爱自己，千万不要将负面情绪压抑在心中，因为一味地压抑心中不快，只能暂时解决问题，负面情绪并不会消失，久而久之，就可能填满你的内心世界，使你的身心越来越疲惫。因此，除了自我调节和消化外，你还应该给学会转移情绪，让它尽快释放出来，正所谓"堵不如疏"，将负面情绪减小到最低程度。

女孩大声呐喊出来，赶走坏情绪

我们都知道，快乐的心情可以成为事业和生活的动力，而恶劣的情绪则会影响身心的健康。然而，现代社会，人们为了生活，四处奔波，工作和生活的压力常常使得我们喘不过气来。人们急切地希望找到一种能帮助自己清理情绪垃圾的方法。

初入职场的女孩，不知你是否发现，在你工作和生活的周围，有不少这样修养良好的人，他们对世间万事万物都能泰然处之，这并不是因为他们没有情绪，而是因为他们更能找到及时宣泄自己情绪的方式，其中就包括呐喊的方法。当他们把内心的不快喊出来的时候，心情也就得到了极大的放松。而这样的人也能得到他人的认可，因为他们不会让自己的负面情绪伤害到身边的人；同时，也就成就了自己美好的修养和品质。

据说日本有个很具规模的呐喊节。每年到了这个时节，全国各地的参赛者或观众云集于大山深处，有组织地按规则和程序呐喊。举办呐喊节，旨在引导人们认识和体验呐喊的心理调适作用，鼓励大家在需要时去身体力行。正是人们通过呐喊而受益，呐喊节才被越来越多的人所认可并积极参与。

年轻的女孩,你也可以采取这种方法宣泄自己的负面情绪。我们先来看下面的故事:

小彭和小李都是二十出头的女孩,在同一家公司上班,两个人关系很好,可是在公司的人缘却不一样。小彭在公司里的人缘很好,待人和善,同事几乎没人看见她生过气。可是,小李却是个把喜怒哀乐都挂在脸上的人,为此和很多同事都闹过矛盾。小李不知道小彭是怎样做到这么好的修养的。

有一次,小李准备去小彭家玩,却发现她正在顶楼上对着天上飞过来的飞机吼叫,于是就好奇地问她原因。

她说:“我住的地方靠近机场,每当飞机起落时都会听到巨大的噪声。后来,当我心情不好或是受了委屈、遇到挫折,想要发脾气时,我就会跑上顶楼,等待飞机飞过,然后对着飞机放声大吼。等飞机飞走了,我的不快、怨气也被飞机一并带走了!”

怪不得她脾气这么好,原来她知道如何适时宣泄自己的情绪,这下子小李明白了。小彭还告诉小李很多可以发泄自己情绪的方法,比如,到无人的地方大声呼喊、看书等,从而不把这些情绪带到公司和其他场合。

从此以后,小李就尝试着用这些办法发泄自己的不良情绪,果然,这些方法很有效,小李为自己的不良情绪找到了一个出口,把心中堵塞之处疏通了。很多时候,她带给大家的是欢乐,而不是不良情绪,她在公司的人缘一下子好了很多,她的修养也提升了很多。

的确,每个人都会产生不良情绪,对于社会阅历浅的女孩来说也是如此,如果你不懂宠爱自己、将负面情绪释放出去的话,你的身心将会越来越疲惫。可能不少女孩会问,怎样宣泄呢?其中有个重要的方法就是呐喊法。

当然,在宣泄情绪的同时,我们需要注意以下两点:

1. 尽量选择无人的地方呐喊

你当然不能在办公室、家中呐喊,因为会影响到他人的工作、生活。

2. 不要再把负面情绪再带到工作、生活中

当你宣泄完情绪以后，你要暗示自己：我的心情已经很多了，不必再苦恼了。如果你真的这样想，那么，你的心情会随即好起来。

情绪调控法：

人们的情绪被压抑久了后，会化为极欲宣泄的冲动，我们常有的感受是控制不住想喊出来，而且对自己的这种内心冲动莫明其妙，因此心里极为紧张，担心一旦控制失效会真的叫喊起来。实际上，此时，寻找一个无人的区域呐喊，是一种很有效的宣泄方式。

女孩学会倾诉，向知己吐出苦水

女性是群居动物，相信在每个年轻女孩的生活中，都有几个亲如姐妹的知心朋友，称之为“闺密”。当然，这里的闺蜜，也不一定是同性朋友，你同样可以向异性知己倾诉心事。诚然，女性是有一定的抗压能力的，但如果压力过大不加排遣，一个人闷在心里或独自受委屈，对健康不利。而心理学实践表明，把自己遇到的压力、烦恼对别人说出来，有宣泄的作用。因为与别人交谈能让他们分担你的感受，让压力得到分散；倾诉压力和烦恼的过程，就是整理、清晰化自己思路的过程，对减压有益。

可见，女孩，你若想拥有一份好心情，就要学会交几个知心朋友，这样，当你因为压力而内心郁结时，可以找知己倾诉，把烦恼都说出来，这样，你会轻松得多！

陈莉是一位大学老师，她已经五十多岁了，但她有很多忘年交。这天，有个叫琪琪的姑娘来找她，向她倾诉内心的苦闷：

如果可以的话，我想叫你姐姐，我心里一直憋着很多事，如果不跟您说，我会憋死的。第一件事，是关于感情的。您知道，我刚毕业，我和我的男朋

友在一起快四年了，我们是大学同学，他对我非常好，每天早上给我买早点，帮我打开水，总是想方设法让我开心，有的时候我脾气不好，或者遇到不顺心的事，他比我还着急，他总是让着我，关心我，体贴我，即使是我的错，他也总是说是他不好。大学四年，他照顾了我四年，宠爱了我四年。现在我们毕业了，他暂时还没有找到工作，而我则进了一个比较好的单位。现在工作不好找，家里没有一点关系，找到好工作的可能性很低。我的父母都不同意我和他继续来往。第二件事，就是我的家里不断给我安排相亲的对象，我不知道怎么办好了？而且现在，我在单位还是个新人，我必须把大部分精力放在工作上。这些压力，真的让我喘不过气来了。可是，一想到以后我可能和他一起吃苦，我又有点不甘心。”

听完琪琪的这一番话，陈莉说：“这么小的年纪，就要承受这么多，真是难为你了。但事实上，很多同龄的女孩子，都有这样的苦恼。我得告诉你的是，如果你觉得你的男朋友值得你和红拂女一样，那么爱就爱了，即使你的整个青春将成为一场长征，你也能无怨无悔，以苦为乐；假如不是，我劝你还是知难而退，免得害人害己。你失去他，也许反倒有可能成全你和他——你可以按照你父母的心愿，找一个差不多的男人，过上安逸平静的生活，过几年生一个孩子，一辈子没有大风大浪；他离开你，如果他是一个真男人，背水一战，也许几年以后还有可能白手起家。总之，感情的事不能有半点勉强，假如你委屈地嫁他，却受不了跟他一起吃苦，那不如不嫁，也省得他因为要领你这个情，而不得不将大把的青春时光用来低声下气地哄你，既耽误自己功夫，也不可能真把你哄好。”

听完这番话后，琪琪若有所思地点点头，她知道自己该怎么做了。

这里，我们看到，一个少不经事的女孩子，在得到一个年长的姐姐的提点下，找到了人生的路，释放了心里的压力。可见，有时候，因为人生阅历、所考虑问题的角度等的不同，在你看来是烦恼的问题，经过知己的提点，可能会变得豁然开朗。因此，女孩，不妨让你的内心“开放”一点，当感到心理有压力，出现悲伤、愤怒、怨恨等情绪时，要勇于在亲友面前倾诉，进行合理的宣泄。在他们的劝慰和开导下，不良情绪便会慢慢消失。

向知己倾诉，具有以下几点操作诀窍：

1. 交几个知心朋友

研究压力方面工作的心理学专家说："女性其实是一种很需要别人支持的群体。所以，对于女性而言，强大的后备力量就显得尤为重要了。"其实，不只是女人，任何人都需要朋友，更需要知心朋友。举个很简单的例子，当你不小心把手割伤了，你一定会寻找创可贴之类的药物；而同样，当你遇到不开心的事时，也会不由自主地寻找可以为打气的人。也就是说，你只有具备几个可以掏心掏肺的知己，才能在需要他们时，让他们挺身而出。

2. 你的知己要有一定的抗压能力

曾有专家建议："无论是朋友，还是亲人，你都可以依赖。但是，你必须找到在你压力大时，真的能帮助你的人。"如果你的朋友的抗压能力还不如你，那么，可想而知，对于你的苦恼，他是帮不上忙的，甚至他的心情也会被你影响。

3. 朋友的知心是前提

当然，这里的知己，是指那些能为你保守秘密的朋友。这点是非常重要的。

总之，每个生活中的女人都应该把控制自己的情绪作为培养情商的重要方面。的确，只有权衡好不良情绪给自己和他人带来的不利影响，给不良情绪找个出口，不让这种发泄影响到周围的人，才能得到他人的认可，同时，你也会成就自己美好的修养和品质。

情绪调控法：

女孩，当你心情压抑的时候，可以选择通过向信赖的好友倾诉来排遣。有些事情其实并不像当事者想的那么严重，然而一旦钻进牛角尖，就越急越生气，如果请旁观者指导一下，可能就会豁然开朗，茅塞顿开。

女孩尝试用冥想扫除坏情绪

对于初入社会的女孩来说，她们面临着激烈的社会和职场竞争，她们承受着比成熟女性更大的压力，然而，女孩们，造成这些压力的元凶还是你们自己。你应该学会将自己堆积在肩上的压力卸下来，享受一段生活的轻盈，感受一下心灵的淡然，然后让压力永远地放在自己的脚下。其中有个重要的方法就是冥想法。

曾经有个女孩，她在朋友的劝谏下来看心理医生，因为她觉得自己的工作压力太大了，心灵好像已经麻木了。

诊断后，医生证明她身体毫无问题，却觉察到她内心深处有问题。

医生问年轻女孩："你最喜欢哪个地方？""我不清楚！""小时候你最喜欢做什么事？"医生接着问。"我最喜欢海边。"女孩回答。医生于是说："拿这三个处方，到海边去，你必须在早上9点、中午12点和下午3点分别打开这三个处方。你必须同意遵照处方，除非时间到了，不得打开。"

于是，这位女孩按照医生的嘱咐来到海边。

她到达海边时，正好是早上9点，没有收音机、电话。她赶紧打开处方，上面写道："专心倾听。"她走出车子，用耳朵倾听，她听到了海浪声，听到了各种海鸟的叫声，听到了风吹沙子的声音，她开始陶醉了，这是另外一个安静的世界。快到中午的时候，她很不情愿地打开第二个处方，上面写道："回想。"于是她开始回忆，她想起小时候在海边嬉戏的情景，与家人一起拾贝壳的情景……怀旧之情汩汩而来。近下午3点时，她正沉醉在尘封的往事中，温暖与喜悦的感受，使她不愿去打开最后一张处方，但她还是拆开了。

"回顾你的动机。"这是最困难的部分，亦是整个"治疗"的重心。她开始反省，浏览生活工作中的每件事、每一状况、每一个人。她很痛苦地发现自己很自私，从未超越自我，从未认同更高尚的目标、更纯正的动机。她发现了造成疲倦、无聊、空虚、压力的原因。

这个故事中，这个女孩通过医生的建议来到海边，给了一个自我反省的机会，才认识到自己的缺点——自私、从未超越自我、从未认同他人，这就是她感到空虚、压力大的原因。心理学家曾说过："人是最会制造垃圾污染自己的动物之一。"正如清洁工每天早上都要清理人们制造的成堆的有形的垃圾一样，女孩，你要想彻底消除倦怠，也必须经常地反省自己，时刻清洗心灵和头脑中那些烦恼、忧愁、痛苦等无形的垃圾，真正让自己时刻心如明镜，洞若观火，以最好的状态投入工作。

的确，身处紧张、忙碌的现实世界中，人们的思想渴望得到放松。当头脑、身体和心灵真正安静和谐时，也就是当头脑、身体和心灵完全合而为一时，你便得到释放了。

冥想就是能量的彻底释放，是一种放空自己的方法，是一种忘怀之道，完全忘怀对自己、对世界的所有想象，因而人就有了截然不同的心灵。冥想还能帮助我们审视自己，审视周围的世界，看到自己的言行和举动。然而，思想只有在安静的内心环境下才会产生积极作用，否则，很容易产生扭曲和幻觉，此时，独处便是很好的选择。

因此，女孩，不难发现，独处是让你的内心静下来的最好方法，还能让你看清自己，看清自己习惯于附着在哪个点，哪个地方。或者说，看看自己的整个人生大部分的时间把精力都倾注在了什么地方？是钱？是情？是权？还是其他什么？它是不是你痛苦的根源？你能不能稍稍放松一下自己？能不能把那种吸附推得远一些，让自己暂时不再置身其中，去体验没有任何东西可以让你疼痛的感觉。

独处，就是要消化这些不平衡的感觉。消化所有的不能接受的结果，消化种种的抗拒，消化以往未了的事件。随着冰雪消融，你的心渐渐地柔软了，渐渐地喜悦了，渐渐地伸缩自如了。于是，智慧的力量应运而生。学习自己跟自己在一起的美好感觉吧，当这种美好的感觉越来越稳定的时候，你的心便不再粘连在那个附着点上。在这种情形下，你的心才是自如的，喜悦的！

总之，女孩，你要明白的是，人不仅要有感情，还要有理智。如果失去理智，感情也就成了脱缰的野马。在陷入消极情绪而难以自拔时，冥想就是一颗解药，能让你即时卸下包袱，继续上路！

大自然能让你忘却一切烦恼

每个初入社会的女孩，难免会因为工作和生活中的一些琐事而影响心情，你的烦恼会不断增多，日积月累，你内心的垃圾就会堆积起来，这对于你的身心健康是极为不利的。因此，现代城市人寻求到了一种释放压力、忘却烦恼的方法——走进大自然。大自然的奇山秀水常能震撼人的心灵。登上高山，会顿感心胸开阔；放眼大海，会有超脱之感；走进森林，就会觉得一切都那么清新。

因此，每个女孩，无论你在工作或生活中遇到什么，都可以在闲暇之余去大自然中释放自己。

曾经有个女孩，她与相恋两年的男友分手了。女孩十分钟情于男友，分手之后的一段时间，她终日茶饭不思，夜不能寐，十分痛苦，身体也逐渐大不如从前。爱恨交织之下，她居然萌生了报复他的念头。

女孩的一帮朋友看在眼里，急在心上，生怕女孩出事。后来，他们想到一个方法——多带女孩出门走走。于是，周末带她走进大山大河，投入大自然的怀抱。她们寄情于山水之中，并用许多事实和道理开启她，让她学会忘却。山的博大胸襟，江的容纳气度，水的坚韧品质，朋友们清泉般穿透心田的良言，终于让她明白了许多。渐渐地，她从伤痛的沼泽地走了出来。

的确，女孩，当你心理不平衡、有苦恼时，也应到大自然中去。山区或海滨周围的空气中含有较多的阴离子。阴离子是人和动物生存必要的物质。

空气中的阴离子愈多，人体的器官和组织所得到的氧气就愈充足，新陈代谢机能便盛，神经体液的调节功能增强，有利于促进机体的健康。身体愈健康，心理就愈容易平静。

大自然让人感到亲切。人类是在大自然当中生存发展的，人类本能对自然界有种亲切感，而大自然的节律有利于人类的发展。

现代人虽然远离大自然，但是本能和遗传的作用还是让人能感到大自然的亲切。这种亲切感会让人倍感放松。

女孩，你可以通过以下几种方式亲近自然：

1. 登山

登山的过程，是一个不断征服的过程。当你跨过一个个山头，就会发现呈现在自己面前的，是另外一片风景，你的眼界也逐渐开阔起来。同时，爬山还有另外一个好处，那就是锻炼身体。

因此，无论是周末，还是闲暇时间，你都可以约上几个朋友，去大山里走走，去感受另外一个远离尘嚣的世界。当然，登山的过程中，你一定要注意安全，最好不要一人登山。

2. 野营、露营

野营，顾名思义就是在野外露营、野炊，这是一种锻炼生活技能的很好的方法；并且，在相互合作的过程中，人与人之间的关系也会变得亲密起来。而除此之外，还有另外一种活动——露营，这是种休闲活动，通常露营者携带帐篷，离开城市在野外扎营，度过一个或者多个夜晚。露营通常和其他活动联系，如徒步、钓鱼或者游泳等。

3. 钓鱼

钓鱼的工具其实制作起来很简单，钓竿的材质可以是竹子，也可以是塑料；而鱼饵的种类也很多，可以是蚯蚓，也可以是米饭，甚至是可以苍蝇蚊虫。现代有专门制作好的鱼饵出售。鱼饵可以直接挂在丝线上，但有个鱼钩会更好，对不同的鱼有特殊的专制鱼钩。在水面撒一些豆糠会引来更多的鱼。

4. 徒步

亦称作远足、行山或健行，它和通常意义上的散步不同，也不是体育活动中的竞走，而是指有目的地走在城市的郊区徒步行走。

可见，女孩们，无论工作再忙，生活琐事再多，你也应懂得适可而止，也要在这美好的时节享受自由的幸福。放下一切，不管哪里，找个最喜欢的地方去感受一下大自然，没有计划，没有进度表，只有和阳光、绿意、湛蓝海水一样丰沛的时间。结伴，或就一个人，像阳光一样徜徉。

另外，你应掌握两点与大自然亲近的操作诀窍：

(1)一旦走入大自然，就要全身心地投入。比如，到草地上躺躺，到大树下睡一觉，将脚放到流淌的清泉里，还可以钓鱼、赏花，或者只是呼吸品味大自然中的气息……

(2)出去时最好带上自己信任的人，如家人和好朋友。一边在美丽的风光中游览，一边和身边的人聊聊心事，这样会收到意想不到的减压效果，可能感觉自己换了一个人似的。

有条件的话，最好到真正的大自然当中，比如郊区。如不具备条件，可考虑到城市公园等人造的自然风光中去，当然效果会打些折扣。在走入大自然之前，可能还得考虑时间、金钱等问题，多数情况下，这一切都是值得的。

情绪调控法：

心理学的实践证明，当有心理问题的人跑到大自然中，会全身心融入自然，忘却烦恼，并可由此产生一种感悟，从而让压力烟消云散。

女孩也要运动起来，在汗水中宣泄不快

人们常说："生命在于运动"，运动是保持身体健康的重要因素。早在2400年以前，医学之父希波克拉底就讲过："阳光、空气、水和运动，这是生命

和健康的源泉。"生命和健康，离不开阳光、空气、水分和运动。长期坚持适量的运动，可以使人青春永驻、精神焕发。

现实生活中的每个年轻女孩，每天都要面对工作、生活、学习等方方面面的压力，不良情绪常常不期而至。对此，一些女孩选择向他人发泄，有些女孩选择闷在心里，也有的女孩感到无所适从。殊不知，运动是排解压力的一种行之有效的好方法。

孙小姐是一位医生。自年初医院对医生实行末位淘汰制以来，她的心理压力很大，经常感到头昏脑涨、四肢乏力、心浮气躁，脾气也越来越不好。半年以后，她人瘦了不少，气色也不再红润，有人说她得了抑郁症。近几个月，同事们普遍反映：以前那个心浮气躁、总感不适的她摇身变成了稳重大度、耐心敬业的人。是什么让她放下压力、乐观地去工作与生活？孙小姐说，是运动，自从每天练瑜伽、散步，她感到浑身有使不完的劲。

生活中，像孙小姐一样存在心理问题的年轻女孩并不少见。生活中的种种问题让她们情绪不佳，却不知如何宣泄。其实，运动就是一个很好的方法。据统计，有50%的人一周中至少有一天会感到疲惫。美国乔治亚州大学的研究者通过对70项不同研究分析得出：让身体动起来可以增加身体能量，减少疲累感。

女孩，不知你有没有这样的体验：当情绪低落时，参加一项自己喜欢又擅长的体育运动，可以很快地将不良情绪抛之脑后。这是因为体育运动可以缓解心理焦虑和紧张程度，分散对不愉快事件的注意力，将人从不良情绪中解放出来。并且，疲劳和疾病往往是导致人们情绪不良的重要原因，适量的体育运动可以消除疲劳，减少或避免各种疾病。

另外，适当有效的锻炼可以让女性拥有更好的体态。美国宾夕法尼亚州大学的研究发现，随机选择一些女性，在经过四个月的步行运动或瑜伽练习后，即使体重并没有发生任何变化，她们却感到自己比以前更加性感、更有吸引力了。锻炼也可以增加生殖系统的血流量，让人置身于爱的情绪中。

华盛顿大学的研究发现,只是一次20分钟的骑单车运动,就可以将女性的性吸引力指数提高169%!而且这一益处可以经受住时间的考验:哈佛大学对游泳者进行的研究发现,那些平均年龄超过60岁的人,仍然能够像年轻时一样获得性满足。

女孩们,日常生活中,只要你能多参加运动,适当调节自己的心情,就能获得快乐的心情,赶走不快的情绪。因为运动的效果是积极的,它可以激发人的积极的情感和思维,从而抵制内心的消积情绪。此外,运动时能促进大脑分泌一种化学物质——内啡肽。内啡肽可以帮助人们降低抑郁、焦虑、困惑以及其他消极情绪,通过改善体能,也能增强自我掌控感,重拾信心。

运动分成有氧运动和无氧运动两种:无氧运动一般都是短时间高强度的,对人的意义不大,弄不好还容易伤到自己;有氧运动,对人不但有锻炼身体的效果,而且还能调节情绪问题。

然而,有些女孩可能会说,运动会出汗。运动当然会出汗,这是毋庸置疑的,但除了汗水之外,我们收获的会更多,我们的身心会在汗水中得到释放。再者,并不是所有的运动都和人们想象的一样出很多汗,比如游泳,在夏天,最好的运动方式莫过于游泳。当然,无论哪种运动,出点汗都是好事,出汗之后,只要能迅速补充体液,补充矿物质,再加上一个热水澡,那么剩下的就是舒舒服服的感觉了。尤其是在经过了一段时间的剧烈运动后,那些所谓的烦恼都被抛到九霄云外去了,你会觉得身心畅快。有科学研究表明,运动后人体内会产生一些类似于兴奋剂的物质,让人感到愉快。

情绪调控法:

女孩,当你心烦意乱、心情压抑时,适度运动可带来好心情。虽然运动对于排解不良情绪有益,但你应该把握适当的度,否则会对大脑机能造成损害。并且,你要选择自己喜欢的运动,这样才能有恒心持久地练下去。

用音乐的力量获得精神的放松

每个女孩，离开学校后，都要进入社会，参与激烈的职场竞争，都要必须面临繁重的工作压力和生活压力，难免会有情绪低落的时候。当你的心情处于低潮时，对任何事情都提不起兴趣。所以，要想摆脱这种心情，首先应该让自己不要总是去想这些问题，转移注意力。而音乐就是舒缓心情、调节身心的良好方法。

读书可以使人在潜移默化中逐渐变得心胸开阔，气量豁达，不惧压力。若用心来读一本好书，可以有更多的人生体会和感悟。书籍不仅可以开阔人们的视野，更可以带给人们丰富的人生智慧。而音乐作为人类文化的一部分，对于人类文明进步以及人类的身心健康一直有着非常重要的影响。

科学家认为，当人处在优美悦耳的音乐环境之中，可以改善神经系统、心血管系统、内分泌系统和消化系统的功能，促使人体分泌一种有利于身体健康的活性物质，该物质可以调节体内血管的流量和神经传导。

的确，生活中，因为工作、因为生活，不得不四处奔波，硬着头皮在喧嚣的尘世中闯荡，长时间下来，她们疲惫不堪、精神紧张，却不知如何调节。其实，如果你能听听音乐或者学习一门乐器，你的心情也会得到舒缓。

可见，音乐是一种可以唤醒沉睡灵魂的力量。音乐作为一种艺术，它之所以能打动人，是因为它能以动感的声音方式表现出一种情感，它所蕴涵的宁静致远、清淡平和，可以使终日奔忙、身心俱疲的现代人得到彻底的放松。作为奔波于现代闹市中的女孩，一定要懂一点音乐。在音乐的圣殿中，你能暂时忘记生活的繁琐，工作生活的不顺心，能获得音乐给予你的心灵滋养。

音乐是一种可以抚慰心灵的媒介，它可以和心灵产生共鸣，并把心中的不良情绪释放出来，还可以让浮躁的内心恢复平静。当你为现代生活所累时，不妨尝试一下音乐疗法。那么，什么是音乐疗法呢？

音乐疗法是通过生理和心理两个方面的途径来治疗疾病：一方面，音乐声波的频率和声压会引起生理上的反应；另一方面，音乐声波的频率和声压会引起心理上的反应。听音乐时，音乐能够启动大脑的情感中枢，这一大脑区域与人体在受到食物、性以及麻药甚至毒品刺激下变得异常活跃的区域完全一致。这一发现具有非常重要的意义，因为音乐不会像药品那样直接对大脑产生作用，所以这种间接作用就显得更为神奇。

音乐疗法是一种自然疗法，它能使人感到愉快，提高大脑皮层的兴奋性，改善人们的情绪。同时，它还能消除人们因种种原因造成的紧张、焦躁等不良心理状态。

音乐治疗在以下几个方面的疗效是显而易见的：有助于释放压力和情绪；减少不恰当行为及增强自制；改善学习兴趣，提高身体灵活性；改善人际关系的能力及处事技巧；增加专注力与定力；减压、排忧解困；改善身体和情绪功能，提高情商；强化个性气质；加快自我成长，提升自我价值，确定人生方向；缓解并医治身体的各种病症。

的确，不良情绪影响人的身体健康。对于那些对人体伤害更大的情绪，如绝望、悲怆，女孩们，都可以通过音乐、书籍来调节，以使情绪能转变或移用到正常的激励机制上，因为它们能帮助你洗涤心中的所有尘埃，给你一个饱满的人生及永恒的幸福感受。

情绪调控法：

音乐是人类最美好的语言。听好歌、听轻松愉快的音乐会使人心旷神怡，沉浸在幸福愉快之中而忘记烦恼。放声唱歌也是一种气度，一种潇洒，一种解脱，一种对长寿的呼唤。

第 7 章

何必自生自气，拔出心底的杂草

任何一个二十来岁的女孩，刚刚进入社会，都希望得到他人的肯定。当你的努力没有被肯定时，可能你的自卑心会油然而生，就会自生自气。自卑的心理促使一个人在人生道路上常走下坡路。其实，战胜自卑并非难事，不要过于看重一次的失败与出丑，不要因先天的缺陷而抬不起头，在生活中以平和的心态对待周围的人和事情，慢慢地，当你鼓起自信的风帆，划动奋斗的双桨，你一定会发现一个生气勃勃的你，一个潇洒自如的你，一个成功的你！

丢掉自卑，女孩发现自己的独特

无论是在机遇和挑战并存的职场，还是在平平淡淡的日常生活中，我们都会看到一些很奇怪的现象：有些自身素质很高、秀外慧中、多才多艺的女孩，常常被能力、修养、相貌都远远不如她们的女孩打败。这是为什么呢？仔细分析，你会发现，这些女孩之所以被打败，并不是因为她们没有能力，而是因为她们自身的不自信，她们不能正视自己的能力，凡事表现得矜持稳重。她们不敢随意跳出自己设置的圈子，害怕闹出什么差错，损害自身形象，引来别人嘲笑。

自信、大胆地展现自己，勇于追求人生梦想，已经逐渐成为现代女性的主流思想。很多女孩都懂得人生在世，最不可丢失的就是自信这枚幸福的灵丹。

心理学家认为：一个人如果自惭形秽，那她就不会成为一个美人；如果她不相信自己的能力，那她就永远不会是事业上的成功者。从这个意义上说，如果你是个自卑的人，那么，树立自信心是战胜自卑感的最好方法。

因此，对于每个初入社会的女孩，要想获得他人的尊重，要想获得快乐的情绪，你首先要做到的就是丢弃自卑的坏情绪。曾有这样一个小故事：

有一个女孩名叫芳，长相平平，在美女如云的班级里，她只是一棵不起眼的小草儿；成绩平平，无法让视分数如宝的老师青睐；除了会写几首浪漫小诗给自己看外，没其他特别突出的技能，不会唱歌，也不会跳舞。芳心里很寂寞，没有男孩追，没有同学和她做朋友。

有一天清晨，她拉开门，惊讶地发现门口摆着一束娇艳欲滴的红玫瑰，旁边还有一张小小的卡片。她迅速地将花和卡片拿到自己的房间，轻轻地打开卡片，上面有几行字，是这样写的：

其实一直以来我都想对你说一声：我喜欢你，但却没有勇气，因为你的一切让我深感自卑。你那平静如水的眼神，你优美的文笔，你高雅的气质，让我很难忘记。所以，我只能默默地看着你。

——一个喜欢你的男生

芳的心怦怦直跳，没想到自己还有那么多的优点，自己原来并不是一个毫不起眼的人啊。从那以后，芳开始主动和同学交谈，成绩也渐渐上升，慢慢地，老师和同学都很喜欢她。高中毕业以后，她考上了大学，凭着那份自信，她在学校中尽情发挥自己的才能，赢得许多男生的追求。最后，她大学毕业后找了一份很满意的工作，并且找到了一个深爱她的丈夫。

芳一直有一个心愿，就是找出那个给她送花的人，想感谢他让她重新找回了自信，要不是那朵花，现在或许一切都是希望和等待。有一天，无意间，她听到父母的谈话。她妈说："当年你想的招儿还真有用，一朵玫瑰花就改变了她的生活。"

芳不禁愕然，怪不得那字看起来像被人故意用宋体写的，但一朵玫瑰花的作用真那么大吗？不，是自信转变了芳的生活。

自卑不仅仅是一种情绪，也是一种长期存在的心理状态。有自卑心理的人，在行走于世的过程中，他们的心理包袱会越来越重，直至压得人喘不过气。它会让人心情低沉，郁郁寡欢。因为不能正确看待自己、评价自己，他们常害怕别人看不起自己而不愿与人交往，也不愿参与竞争，只想远离人群。他们缺少朋友，甚至自疚、自责、自罪；他们做事缺乏信心，没有自信，优柔寡断，毫无竞争意识，享受不到成功的喜悦和欢乐，因而感到疲惫、心灰意冷。

女孩，可能你也发现，在你的周围，那些自信的女孩，总是精神焕发、昂首挺胸、神采奕奕、信心十足地投入到生活和工作当中去。自信的女孩不惧怕失败。她们用积极的心态面对现实生活中的不幸和挫折，她们用微笑面对扑面而来的冷嘲热讽，她们用实际行动维护自己的尊严。这一切都淋漓尽致地表现出自信者的气质，表现出自信者一种坦诚、坚定而执着的向上精神。

要做自信的女孩，你就要学会正确审视自己、肯定自己。那么，如果你是个自卑的人，你怎样才能摒除自卑，重新找回自信的自己呢？

首先，客观地认识自己，意思就是不仅要看到自己的优点，也要看到自己的缺点，并客观地给予评价。要做到这一点，除了自己对自己的评价，还要注意从周围人身上获取关于自己的信息。这些人可以是你的父母，也可以是你的朋友，也可以是你的同事，只有这样，你才能够逐步形成对自我的全面客观的认识。

其次，接纳自己。接纳自己的优点，而容不下自己的缺点，是很多女人容易犯的错误。一个人首先应该自我接纳，才能为他人所接纳。

因此，真正的自我接纳，就是要接受所有的好的与坏的、成功的与失败的。不妄自菲薄，也不妄自尊大，不卑不亢，才能健康地发展自己，逐步走向成功。

你还需要积极地完善自己的不足。这些不足，指的是某些“内在”上的，比如学识、技能、素质等。

另外，对于别人对你的批评，你需要理性地看待。因为别人批评你是免不了的。如果你对别人的批评很在意，心理上就会很难过，愈辩就愈黑；如果你以理性的态度、开放的心情去接受，心情反而会坦然。

情绪调控法：

如果一个人在社会生活中，把自己看做低人一等，没有价值，那么，他就会产生自卑感，做事缺乏胜任的信心，没有主动性和积极性，其结果，无论做什么事情都难以保证质量。

女孩始终保持乐观，生活起来会更有动力

二十来岁是人生的开始阶段，任何一个年轻女孩都是朝气蓬勃的，都对生活充满了热情，对未来充满了幻想。然而，有这样一些女孩，她们似乎总

有些心事，总是闷闷不乐，她们没有生活的激情、工作的动力，她们总是说："我不快乐。"而实际上，一个人快乐与否，完全决定于个人对人、事、物的看法如何；因为，生活是由思想造成的。如果你想的都是欢乐的念头，你就能欢乐；如果你想的都是悲伤的事情，你就会悲伤。的确，人生在世，快乐的活着是一生，忧郁的过也是一生，是选择快乐还是忧郁，这完全取决于做人的心态。正确的做法就是不断地培养自己乐观的心态，远离悲观，它既是一种生活艺术，又是一种养生之道。

因此，女孩，如果你想活得更有动力，更快乐，那么，就开朗一点吧。

的确，每个人的一生，都会遇到这样那样的逆境。在逆境中，乐观的女孩永远都自信而漂亮，总是看到事情积极的一面，凡事都往好处想，时常保持着好心情，灿烂笑容常会挂在脸上，神采永远飞扬……而悲观的女孩一遇到逆境就会愁眉不展，因为沮丧而看不到希望，她们的心境孤独而凄凉，自卑而落没……郁郁寡欢的她们怎么可能活出自信和幸福？你更愿意做哪一种女孩？当然是前者。

因此，新时代的女孩，你需要记住的是，即使身处逆境，你也要保持乐观，只要你赶走那些悲观情绪，幸福就会常伴你左右！

生活中的年轻女孩，无论过去你曾经遇到过什么磨难，你都要学会自我调节，这样，在未来荆棘密布的人生道路上，无论命运把你抛向任何险恶的境地，你都能做到积极、快乐地生活！为此，你需要做到以下几点：

1. 相信自己能做到

日本作家中岛薰曾说："认为自己做不到，只是一种错觉。"悲伤是一种消极的情绪，它会让你产生挫败感，你会认为自己什么都做不到。而实际上，很多时候，正当你绝望时，希望就在前方等着你。因此，只要你放下悲伤，以积极的心态去面对生活的挑战，你的生命才会有无限的可能。

2. 相信自己能得到幸福

相信自己能够成功，往往自己就能成功，这是人的心理在起作用。同样，一个女人要想获得幸福也是如此。一个女孩总想着幸福，就会幸福；总想着不幸，就会不幸。人们常说的心想事成，就是这个道理：

传说，有个勤奋好学的女裁缝，一天去给法官缝补法袍，她不但缝补得很认真仔细，还对法官穿的法袍进行了改装。有人问她其中的原因，她解释说："我要让这件袍子经久耐用，直到我自己作为法官穿上这件袍子。"心想事成，这位女裁缝后来果真成了一名法官，穿上了这件袍子。

人的心灵有两个主要部分，就是意识和潜意识。当意识做决定时，潜意识则做好所有的准备。换句话说，意识决定了"做什么"，而潜意识便将"如何做"整理出来。意识就好像冰山浮出水平线上的一角，而潜意识就是埋藏在水平线下面很大很深的部分。

因此，女孩们，抛却那些伤心的往事吧，抛却那些失败后的懊恼吧，若想开心的生活，就必须勇于忘却过去的不幸，重新开始新的生活。

情绪调控法：

任何一个年轻女孩，在生活中都有可能遇到一些不顺心之事，也有可能遇到重大挫折，而积极是生活的一味良药，伤心的时候乐观一点，孤独的时候去寻找快乐，热情而积极地拥抱生活，幸福就会像天使一般无声地降临到你的身边。

女孩学会肯定并欣赏自己

生活中，人们常说："人无完人"，每个人都有自己的长处和优点。但现实生活中，并不是每个人都能认识到这一点，都能做不到不怀疑自己，而懂得欣赏自己的人更是少之又少。而自信是一种认知的开始，因为透过自我参照，才能了解自己的专长、能力和才华。

任何一个二十来岁的女孩，都要在这个人生阶段培养自己自信的品质，这种积极的情绪不仅会感染他人，让你更有魅力，还能帮你坦然面对未来人生路上的种种困难。

瑶瑶从小就是个自信、大胆的女孩。大学毕业后，她进了一家电子公司的行政部门，做起了安安稳稳的文职工作。

有一次，公司老总开会，希望能从人员过多的行政部门调几个人到市场部门，她问大家的意见，结果谁也不肯站出来。因为他们都认为自己是“学院派”、科班出身，怎么能走街串巷、满脸堆笑地揽活呢？

这时，瑶瑶猛地站起来，自告奋勇地说：“老总，我愿意！”因为她相信自己同样能胜任市场上的工作，这远比在“毫无出息”的行政部门更能体现自己的能力。于是，她马上被调到业务部工作。对于她来说，这是十分陌生的工作岗位，很多事情都让她感到晕头转向。她必须迅速适应周围的一切，尽快建立自己的客户网络，才能扩大业务成交量。

瑶瑶开始走出办公室，主动和别人商谈合作事宜，了解市场上的价格与折扣。她成了个大忙人，不仅要负责业务部的大小事务，还要将自己针对公司的每一项产品做实地调查的情况，做成书面报告交给老总，以便于公司开展下一步具体的工作。

在业务部，瑶瑶已经工作四年了，如今的她，已建立了稳固的客户群，同时又让其他业务人员充分施展了自己的才干。他们团结合作，创造了前所未有的业绩，使公司上上下下的人都对她刮目相看，很快，她便进入公司的管理层。

这个职场故事中，瑶瑶顺理成章地进入了管理层，而当初和她坐在同一间办公室的同事们，却还在从事原来的工作。她靠着自己的无所畏惧，敢于任事，才抢占到先机，让自己在竞争激烈的环境中脱颖而出，成为领导们眼里的宠儿。

人的自信是一种内在的东西，需要由你个人来把握和证实。所以，在建立自信的过程中，一定要学会自我激励。比如，在你遇到重要的事情，需要鼓起勇气来面对时,你可以说:“造物主生我,就赋予我无穷的智慧和力量,凡事能做。”这样可以增强自己内在的信心,激发自己内在的力量,从而成功地达到你的目的。当然,这种激励只是一种临时的办法,要想长期在自己的内心建立自信,那就需要不断地激励自己,直到形成习惯。

自信是对自己的高度肯定,是成功的基石,是一种发自内心的强烈信念。每个女孩都需要自信。无论在生活还是工作中,一个自信的人,常看到事情的光明面,必能尊重自己的价值,同时也尊重他人的价值。因为自信是个人毅力的发挥,也是一种能力的表现,更是激发个人潜能的泉源。为此,你需要做到以下几点:

1. 不断学习,让自己具有硬实力

在今天,素质决定着命运。当然,在具备这点后,你就要实事求是地宣传自己的长处、才干,并适当表达自己的愿望,这样才能让别人更加了解你,也能给予你更多机会。

2. 不断挑战自己

任何一个人,在这个快节奏、高效率的时代,要想脱颖而出,要想进步,就必须要做到不断挑战自己。要知道,一个人的能力是需要不断挖掘的,只要你能相信自己,欣赏自己,摒弃自卑,就能在职场、事业上不断彰显自己的能力和价值。

情绪调控法:

在经济飞速发展的今天,各种机遇和挑战无处不在。你不妨自信一点,给自己一个发挥长处的机会,初登舞台,放低姿态;站稳脚跟,慢慢发展;等到机会出现,就一定要大胆出击。有了这种敢于冒险、勇于迎难而上的精神,你才能够创造奇迹。

女孩犯错很正常，不要自生自气

生活中，二十来岁的女孩，相信长辈都曾告诉过你，面对生活、学习和工作，都必须认真，因为认真，你会变得出类拔萃，会不断进步。我们鼓励认真的态度，是为了让自己的人生变得幸福和充实，然而，千万不要对自己太过苛刻。追求完美固然是一种积极的人生态度，但如果过分追求完美，而又达不到完美，就必然会产生浮躁的情绪。过分追求完美往往不但得不偿失，反而会变得毫无完美可言。

其实，人生不可能事事都如意，也不可能事事都完美。也许你也发现，在你周围，有这样一些人，他们做事谨小慎微，总是认为事情做得不到位。因为他们太过专注于小事而忽视全局，这主要是因为他们性格上的原因，他们对自己要求过于严格，同时又有些墨守成规。通常情况下，因为他们过于认真、拘谨，缺少灵活性，他们比其他人活得更累，更缺乏一种随遇而安的心态。

他们总有这种表现，如果一件事情没有做到自己满意的程度，那么必定是吃不好也睡不好，总觉得心里有个疙瘩，很不舒服。

要知道，我们不会因为一个错误而成为不合格的人。生命是一场球赛，最好的球队也有丢分的记录，最差的球队也有辉煌的一刻。我们的目标是——尽可能让自己得到的多于失去的。

因此，每个女孩，对于已经犯下的错误，不必自生自气。美国作家哈罗德·斯·库辛写过一篇《你不必完美》的文章。在文中，他写了这样一个故事：

因为在孩子面前犯了一个错误，他感到非常内疚。他担心自己在孩子心目中的美好形象从此被毁，怕孩子们不再爱戴他，所以他不愿意主动认错。在内心的煎熬下，他艰难地过着每一天。终于有一天，他忍不住主动给孩子们道了歉，承认了自己的错误。结果，他惊喜地发现，孩子们比以前更爱他了。他由此发出感叹:人犯错误在所难免,那些经常有些错失的人往往是可爱的,没有人期待你是圣人。

这个故事告诉每个女孩:正视错误,拒绝完美,才令你完整。因此,女孩,不要太苛求自己了,允许自己犯错,你才会活得轻松。

情绪调控法:

什么事情都会有个度,追求完美超过了这个度,心里就有可能系上解不开的疙瘩。人们常说的心理疾病,往往就是这样不知不觉出现的。对待自己的错误不依不饶的人,总是不想让人看到他们有任何瑕疵,给人的感觉是过分宽容,看似开朗热情,其实活得很累。

女孩不要活在比较中,勇敢做自己

人与人相处,难免会相互比较,比较之下,就容易发现不如人的地方。“魔镜啊魔镜,谁是这世上最美丽的女子?”白雪公主的故事里,恶毒的王后总是一遍又一遍地重复着这个问题。“既生瑜何生亮?”喜欢攀比的人多半要发出这样的感慨,于是他们总是不能开怀。其实,手指各有长短,人与人个个更是自不相同,盲目攀比是人们不快乐的根源。

老子在道德经中提倡无为而治,就是让人放下攀比之心。无为而无不为,意思是不攀比而无所不能。无为并不是什么都不做,而是放下攀比之心。因为有了攀比之心,人们不能按自己的方式去生活,去做事,会变成大致相同的人。人都有自己的特长,有自己的才能,有自己的价值观。以不攀比之心去做,会做得很好,才会发挥自己最大的价值。

对于初入社会的女孩来说,好胜之心也容易让她们与周围的人比较。实际上,每个女孩都是特别的,你也不需要与他人比较,比较只会让你陷入不快乐的情绪中。

“这段时间,我觉得自己挺奇怪的,只要看到别人的得意之处,总会忍不住地与自己相比,结果一比,我发现自己是那么不如人。比如,下班之前,大家会交流自己的销售情况,如果我听到有人说今天又做了多少单生意,我就会内心莫名地恐慌,甚至还是有点恨对方。虽然也知道这样的想法很不对,但我就是控制不住自己。难道我真的是一个很坏的人,忍受不了别人比自己强吗?”

这类心理恐怕很多年轻女孩都曾有过。心理学家指出,如果人们不加以控制盲目比较心理的话,轻则会影响到人们的心理健康,严重的甚至会让人们产生心理疾病。而只有做到少一些比较,才能多一些开怀。

的确,攀比之心,人皆有之,但其实,这种比较是没有任何意义的。不管你比得过别人,还是比不过别人,你的生活、你的现状都不会受到任何影响。你既得不到别人的财产,也不会失去自己所拥有的一切。所以,请停止无谓的攀比,不要给自己徒增烦恼。

那么,女孩,你该怎样心理调节呢?

1. 通过自我暗示,增强自己的心理承受能力

自我暗示又称自我肯定,这是一种调节心理的强有力的技巧,它可以在短时间内改变一个人对生活的态度,增强对事件的承受能力。具体方法表现为,用具有鼓励性的语言、动作来鼓励自己。比如,当别人取得好成绩时候,你也可以在心中鼓励自己“其实我也很好”,久而久之,盲目比较的习惯就会有所改善。

2. 尽可能地纵向比较,减少盲目地横向比较

比较分为纵向比较和横向比较。横向比较指的是将自己与他人比,而纵向比较指的是将昨天的自己和今天的自己比,找到长期的发展变化,以进步的心态鼓励自己,从而建立希望体系,帮助个体树立坚定的信心。

3. 快乐之药可以治疗自卑

生活中,有人痛苦也有人快乐,快乐的人之所以快乐,是因为他们善于发现快乐的点滴。而如果一个人总是想:比起别人可能得到的欢乐来,我的

那一点快乐算得了什么呢？那么他就会永远陷于痛苦之中，陷于嫉妒之中。

4.完善自己

一个女孩如果明白只有完善自己才能逐步提高的道理，也就能转移视线，不仅找到了努力的动力，也会豁然开朗。

总之，知足常乐，少一些比较，多一些快乐，才是最佳状态！

情绪调控法：

比较是一把利剑，这把利剑不会伤到别人，只会伤害自己。它刺向自己的心灵深处，伤害的是自己的快乐和幸福。俗话说，“人比人，气死人”，女孩，如果你陷入没有原则、没有意义的盲目比较中，只会导致心理失衡。而如果你能放下比较给你带来的枷锁，活出不一样的自我，那么，快乐就会如影随形。

女孩有一些小缺点反而更可爱

相信每个二十来岁的女孩在交朋友的过程中都有这样的感受，那些看起来完美无瑕、毫无缺点的同事或朋友其实并没有多少人愿意亲近他们。这是为什么呢？因为这些人看起来很优秀，但却不可爱。“金无足赤，人无完人”，越是苛求完美，人际关系也越差。

同样，在与陌生人交谈的过程中也是如此，那些表现得十分完美的人，人们往往敬而远之；而相反，适度表现出一些小缺点，会更让他人觉得你真实、可爱。另外，即使存在一些小缺点，也不能遮掩你的光辉。

因此，女孩，可能你会因为自身存在的一些缺点而感到苦恼，而其实，人际交往中，如果你能适当地暴露自己的一些缺点，那么，你一定是个让别人感觉很可爱的人。

在一次盛大的招待宴会上，服务生倒酒时，不慎将酒洒到了坐在边上的一位宾客那光亮的秃头上。服务生吓得不知所措，在场的人也都目瞪口呆。而这位宾客却微笑着说："老弟，你以为这种治疗方法会有效吗？"宴会中的人闻声大笑，尴尬场面即刻打破了。

借助"自嘲"，这位宾客既展示了自己的大度胸怀，又维护了自我尊严。我们不免对其心生敬意。

有研究结果表明：对于一个德才俱佳的人来说，适当地暴露自己一些小小的缺点，不但不会形象受损，而且会使人们更加喜欢他。这就是社会心理学中的"暴露缺点效应。"那么，人们为什么会对那些有缺点的人有更多的好感呢？这是因为：

(1)人们觉得他更真实，更好相处。试想，谁愿意和一个"完美"的人相处呢？那样只会觉得压抑、恐慌和自卑。

(2)人们觉得他更值得信任。众所周知，每个人都有缺点，坦诚自己的缺点可能会使人失望，难受一阵子，但经过这"阵痛"之后，对他的缺点人们就会注意力下降，反而更多地注意他的优点，感受他的魅力。

与此相反，假如一个人为了给人们留下好印象，而总是掩盖自己的缺点，可能刚开始会让大家觉得他是个不错的人，可一旦缺点暴露后，就会使人们难以接受，并给人以虚假猥琐的感觉。这正如一位先哲所说的那样："一个人往往因为有些小小的缺点，而显得更加可敬可爱。"

女孩，可能你会认为，与领导和长辈交往，应尽量向他们显示自己的优点，以便让对方喜欢自己。其实，这种想法是错误的，因为把自己装扮成"趋于完美的人"，会让对方有种"可敬而不可即""可敬而不可爱"的感觉从而减少对你的喜欢程度。

为此，你可以主动向他人展示自己的一些小缺点，但你还必须注意以下几个问题：

1. 把握"度"的问题

因为，"过多地暴露"或者"和盘托出"都会存在风险，那有可能导致对方顺着你的思路去评价你，最终导致的结果是让对方远离你，因为和人们不喜欢“完美”的人一样，他们也不喜欢全身满是缺点的人。因此，提倡“自我暴露”，并不是让你去不看对象、不分场合、不问情由地“胡暴乱露”一通。你不妨选择暴露那些不会影响到整体形象的“小事件”或者“小缺点”“小毛病”等，正因为这些小瑕疵的存在，你会显得更真实，更可爱！

2. 要遵循相互性原则

这时的“相互性原则”的含义是：“自我暴露”必须缓慢到相当温和的程度，缓慢到足以使双方都不致感到惊讶的速度。如果过早地涉及太多的个人亲密关系，反而会引起对方强烈的排斥情绪，引起焦虑和自卫反应。

当然，并不是说一个人的缺点越多，越能增加魅力。大物理学家爱因斯坦有一举动让我们感到非常可爱，就是他帮助邻家小姑娘做算术题，并且津津有味地吃小姑娘给他的甜饼。但这件事情如果发生在普通人身上，还能体会到这种美感吗？能力平庸的人即使是犯小错误，给人感觉也是不可原谅的。

因此，在人际交往中，女孩，若想让别人喜欢自己，就不要苛求完美无缺。你在修炼自身能力、努力成为一个优秀者的同时，偶尔犯下一些可以被人谅解的小错误，容易让身边人产生亲近之感，为你赢来好人缘。

情绪调控法：

任何一个女孩，在生活中都不要过于“包装”自己，追求“锦上添花”，你的一些小缺点反而会赢得更多人的喜欢。

放宽心，女孩别对小事太敏感

相信任何一个年轻女孩都知道“人无完人”的道理，但现实生活中，还是有很大一部女孩，因为自身的某些不足，比如，外表不够漂亮、学历不够高、某项能力不如人或者身体上的缺陷而自卑。因为自卑，她们会对小事格外敏感，她们自怨自艾，因为不自信，她们失去了很多表现自己的机会，给自己留下遗憾。

据美国《新闻周刊》报道，女性成功有十大秘诀，而其中，自信最为重要。2010 年，中国青年报社调中心通过对全国 2845 名公众的调查显示，自信、善良、有气质分别以 80.7%、65.4% 和 65.2% 的支持率荣膺 2009 女性之美的前三名。可见，作为女性，最美丽的外衣不是其他，就是自信。任何人都有不足，你不必放大自己的缺点，而忽视了自己的魅力，更不要因为自卑而放慢追求幸福的脚步。

生活中，你是否曾经遇到过这样的场景：当你在电梯里遇到领导，好不容易鼓起勇气说："王主任，早上好！"但对方却可能因为没有注意到你而继续与其他人攀谈。此时，你该怎么办？自信的女孩在这种情况下，也会"厚起脸皮"，重新拾起信心，主动交往。而自卑的女孩却会敏感多疑，认为对方漠视自己。

其实，你受到冷遇，对方也许不是在排斥你，而是因为对方的注意力暂时还没转移到你身上，或其他一些客观原因。此时，你不必气馁，而应该继续积极主动与其交往。

华盛顿区有一名律师叫彼得·戈德希密特，在一次新闻报道中，她看到了记者对某个名人的采访，于是，她准备见见这个名人，聊聊其中的一些问题。她首先要做的就是打电话给他，然而，该名人当时抽不开身，接下来的几次致电，双方都没有达成约见事宜，而且该名人的态度也很冷淡。但是彼得仍然坚持给他打电话，后来，他们终于在圣地亚哥见了面。从那以后，他们就成了好朋友。

与此相似，演员查克·康纳斯在一次大学返校节游行上看到了他未来的妻子，他打了六次电话后，她才最终答应赴约。鲁丝·岜古未来的丈夫曾经给她打了 30 次电话后，他们才最终见面。

的确，大多数在社会交往上很成功的人都积极地把别人拉入自己的生活中。他们经常采用的最重要的两种方式就是:主动与希望认识的人交谈;向希望作进一步了解的人主动发出邀请。即使受挫,依然愈挫愈勇!这需要你做到以下几点:

1. 开阔自己的眼界

眼界宽的女孩,胸怀也会宽广。开阔眼界,也便能拥有了宽广的胸怀,也就很少会因为日常小事而无谓的烦恼了。

2. 学会冷静思考

遇事,要学会把问题交给时间,时间是最好的冷却剂,不妨等几天后看看,究竟是怎么回事;如事情较急,可找比较信任的人问清楚。

3. 学会忍让

这个世界上不存在绝对公平的判决,在很多时候,某项决定可能利于某些人,对于另外一些人也就不利了。此时,不妨学会退一步,“知足者常乐”是一副很好的调节剂。

4. 改变心境,积极交往

大多数人习惯了在人际交往中充当接受者的角色,他们习惯了别人投来赞许的目光、送来微笑甚至是发出邀请,因为他们遇到的大多数人也同样在等待,所结果往往是谁也不认谁。与这些被动等待的人交谈,常常会听到他们消极地抱怨“事情总是没有什么结果”。其实确切一点,他们应该责备自己为什么一旦受到挫折,受到冷遇,就不再愿意尝试。

5. 主动出击,赢得注意力

男性从小就被鼓励做事要勇敢,要勇于表达自己的看法。他们参与各项比赛、运动竞赛等活动,早已习惯竞争和输赢,很多人也了解没有永远的赢家。女性则习惯准备所有的功课,虽然非常细心负责,却不擅长报告,往往是准备一百分,得到的分数却大打折扣。

男性惯于主导环境,无论是职场还是情场,他们一有机会便很自然地推荐、表达自己,争取表现的机会,扮演火车头的角色。相较之下,女性比较习惯默默耕耘，等待上级的赏识、男人的追求。

因此，从现在起，女孩，不要因为自己不够美丽而把自己藏在某个角落里了，不要再孤芳自赏了，主动出击吧。你可以主动向你心仪的男士发出邀请；你可以主动定期向老板报告团队的最新工作绩效，反映自己优秀的领导能力；同时主动与其他相关部门建立关系，介绍你的职务，让他们了解你能为他们做什么，你有什么资源可以分享，让他人看到你的自信。

情绪调控法：

毫无疑问，自信是人际交往中最重要的品质之一，只有自己相信自己，才能让他人相信你。因此，当你在人际交往中受到冷遇时，一定要在心里告诉自己，你其实是个有趣、值得交往的人，并清理出自己的优缺点与强弱处。这本身并不存在疑惑，只是你并没意识到而已，当你想清楚这些以后，必能成功地自信起来。

第8章

别给自己太大压力，松松气感受生活的美好

生活中的每个年轻女孩，初入社会，都要面临繁重的工作压力，常常需要周旋于各种应酬场合中，你是否经常有种孤独、寂寞、窒息的感觉？你是否觉得压力大？你是否觉得不如人？你不知道自己要的到底是什么样的生活？你的心是否曾经被一些自私自利的狭隘思想笼罩过？你是否已经变得人云亦云？如果有，那么，你应该停下脚步，给自己一段独立思考的时间，适当调整工作、学习与休息的时间，经常散散心，放松绷紧的神经，清除内心的情绪垃圾，释放无形的压力，才能重新起航！

放下压力，女孩要学会为自己的心灵松绑

一般人常常认为，人只有健康和患病之分。世界卫生组织对健康下的定义是：“健康是一种身体、精神和交往上的完美状态而不只是身体无病。”新的医学研究也表明，人体健康与患病之间还存在着一个过渡的中间状态，即第三状态——亚健康状态。据此可得知，身体健康但精神和交往却存在问题，并非真正的健康，只有身心健康才是真正的健康。

我们发现，生活中，很多刚踏入职场的女孩，由于职业的因素，如同穿上了无法停止的红舞鞋一样，脑子中的弦整天绷得紧紧的。一个专注于职务和工作，很少休息和娱乐，甚至没有休息或者游戏的女孩，她的动作肯定不会像一个经常休息或者娱乐的女人那样自然、有力，在无形之中降低了工作的效率。对任何事情精益求精，本不是一件坏事，可是牛角尖钻到极致，你就是个彻头彻尾的完美主义者了。这样，你就会比很多人累，最终绷得太紧的神经和给自己施加的压力早晚会把你整垮！

有人说，谈到女人就好像是在谈文章，最好的文章应该是自然流露，无需雕琢。所以，作为一个女人不应该只注重于外表的化妆，更重要的是注重改变内在的体质，拥有健康的生活方式。健康的才是美丽的，精力充沛的女人才会让人赏心悦目。健康不仅仅是美丽的前提，也是人生成功的根基。唯有保持健康的身心，才能用最大的热情去工作，去成就心中的梦想。

每个人在不同时期都存在不同的心理压力，有的人主动讲给别人，这是很多女孩选择的排解方式；而有相当一些女孩内心的苦痛不轻易示人，自己烦、闷、气，时间长了形成心结，心结多了就形成心理疾患。心扉不能向所有的人敞开，也不能不向任何人敞开。你的委屈、憋闷讲给你所信任的人听，他可以倾听、规劝开导你，有时可直接帮助你。哪怕你痛哭一场，你的心理压力也减轻了很多。此时一个痛苦变成了半个痛苦，或许就得到了解决问

题的办法。

因此，如何让自己的心灵更纯净，释放压力就显得尤为重要，那么，你该如何驱赶压力的阴霾呢？

1. 不要故意给自己加压

不少女孩对社会、对家庭、对自己都有不同程度的不满，她们中有些人喜欢在压力中生活，在压力中挑战难题，这样便有一种惬意的满足。但不是每次都有好运气，压力多了会压得自己喘不过气来，久而久之，就会祸及自己的身心健康。

2. 学会宣泄

如果你希望你的健康要达到身体上、精神上和社会上的契合状态，如果心理压力过大，可以采取以下几种方式宣泄：

(1)倾诉。当你心中积满苦闷、烦恼、抑郁等不良情绪无法疏散时，可以向父母、同事、知心朋友尽情倾诉，发发牢骚，吐吐委屈。这样使消极情绪发泄出来后，精神就会放松，心中的不平之事也会渐渐消除。

(2)想哭就哭。医学心理学家认为，哭能缓解压力。心理学家曾给一些成年人测验血压，然后按正常血压和高血压编成两组，分别询问他们是否哭泣过，结果87%的血压正常的人都说他们偶尔有过哭泣，而那些高血压患者却大多数回答说从不流泪。由此看来，让人类情感抒发出来要比深深埋在心里有益得多。

3. 忙里偷闲，放松心情

一定要抛却事事追求完美的心态。当你意识到自己要放松，但无论如何都很难做到、浑身紧张的时候，就应该学着忙里偷闲放松心情，给自己制造一个放松的空间。

总之，要正确地对待心理健康，做自己心理健康的保健医生。只有心理健康才是真正的健康。如果没有健康的身心，一切都等于徒劳，拥有美丽的容貌、充沛的精力、强健的身体……这一切都将不可能，所以，健康是一切的基础。健康,是一生一世的事,未雨绸缪也许听来老套,但正确地对待自己的身体却有绝对的必要;更重要的是,什么时候开始都不嫌晚!

情绪调控法:

每个女孩,无论是工作还是生活,都不要给自己太大的压力。如果你能懂得自我情绪调节,那么,即使你依旧要面对很多的挑战,即使必须在事业、家庭之间小心翼翼地“走钢丝”,但你依旧自信、从容,在追求事业的同时也拥抱着生活,在完善自我形象的同时,更有着更高生活品质的追求。

女孩把压力当动力,踩着压力前进

生活中,很多刚参加工作的女孩都抱怨压力大,压的自己喘不过气来。其实,有压力,才有动力,压力带给你的不仅仅是痛苦和沉重,还能激发你的潜能和内在激情,让你的潜能得以开发。因此,面对压力,你应该调动自己的意志力和自控力,否则,你只会被压力压得喘不过气来。

美国麻省的艾摩斯特学院曾做过这样一个很有趣的实验:

研究人员拿来一个南瓜,然后在南瓜的四周拴上了铁圈,目的是把小南瓜整个箍住,以观察南瓜长大时能承受多大的压力。

刚开始时,研究人员的估算是 500 磅左右,但实验结果完全出乎他们的意料。第一个月,他们发现南瓜已经承受了 500 磅的压力;到了第二个月,南瓜承受了 1500 磅的压力。后来,研究人员决定,如果它的承受能力达到 2000 磅时,就要重新给铁圈箍紧,不然南瓜一定会把铁圈撑断。事实上,最后,整个南瓜承受的压力超过 5000 磅,瓜皮才破裂。

然而,当他们打开南瓜后发现,南瓜已经不能吃了,因为在试图突破铁圈包围的过程中,它的果肉已经变成了坚韧牢固的纤维。为了吸收足够的养分以突围,它的根须延展到了整个培植园。

在压力面前，植物为了生存，会让自己变得更强。其实，作为人也一样，唯有压力才会使得我们不断改变自己，充实自己，使自己强大起来。

生活中，人们常说“置之死地而后生”。为什么生命在“死地”却能“后生”？就是因为“死地”给了人巨大的压力，并由此转化成了动力。没有这种“死地”的压力，又哪有“后生”的动力？

实际上，女孩，你需要明白的是，上天对每个人都是公平的。为什么有些人能攫取成功的果实，有些人却只能甘于平庸？其中一个很大的原因就和压力有关。命运在为你创造机会的同时，也为你制造了不少压力。如果你在压力面前倒下了，那么你也就失去了成功的机会；如果你经过压力的锤炼后变得更加坚强，那么你就是真正的强者。不甘于平庸，不想成为失败者，那你就要有勇气面对压力，而不是懈怠和逃避。

如果说，人一生的发展是不易反应的药物，那么压力就是一剂高效的催化剂。它不是鼓励你成功，而是逼迫你成功，让你没有选择不成功的余地。它带给人的，不仅仅是痛苦，更多的则是一种对生命潜能的激发，从而催人更加奋进，最终创造出生命的奇迹。

当然，凡事都有度，女孩，面对压力，你也要学会调节，要将压力控制在一定的范围内。因为人生就好像一根弦，太松了，弹不出优美的乐曲；太紧了，又容易断裂。唯有松紧合适，才能奏出舒缓且优雅的乐章。适当的压力，不仅是成长的必备养分，也是成就亮丽人生的重要元素！

换个角度看人生，这是一种大智慧。当你面对压力、困难甚至是逆境，心中感到愁苦不已时，不妨给自己放放假，换个角度，也许就能“柳暗花明又一村”呢！人生道路千万条，总有一条是适合你的。只要有勇气换个角度，你就会比别人多一份成功的机会。

所以，女孩，在面对压力时，不要给你的心灵任何负面的暗示。刚刚踏入社会，你不可避免地会遇到很多障碍，这些障碍甚至是你暂时所无法逾越的，这是由于自身条件的限制，但这并不代表这些障碍永远就是障碍。只要你能调整好心态，积极地对待这些问题和困难，随着自身能力的提高及外部环境的变化，当初做不到的事情，有一天一定可以轻易地做到。所以即使压力重重，你也别放弃努力。

当然，“换个角度看待压力”，并不是一句“口头禅”，说起来容易，但做起来却是件难事。它不仅仅是身体方位的改变，也不仅仅是空间、时间的转换，更重要的是人的心灵和思想观念的转换。

不经历风雨，怎能见彩虹？不经历寒冷，怎知道温暖？生活中的年轻女孩，从现在起，将生活中的压力和苦难当作是上帝赐予的礼物，以感恩的心寻找生活中的阳光和希望吧！

情绪调控法：

每个女孩在不断成长和成熟的过程中都会遇到挑战和压力，它会让你身心疲惫，但这些压力也会让你的意志变得更加坚强，性格更加成熟，能力更加提高，从而最终获得成功。因此，从现在起，正视压力，只有将压力变为动力，才能在时间的无涯荒野里种下自己的理想之树，随着生命的律动，春华秋实。

知足女孩才能感受到真正的快乐

在不少现代女性的认知中，自己身体健康，有一份稳定的职业，每个月都有收入进账，家庭圆满，与恋人关系和美，不用为柴米油盐和疾病伤痛等杂事操劳费心，就是生活得“比较好”的状态。当然，有些女性还有更高的要求，认为这还不是让她们心满意足的状态。即便对于那些初入职场的女孩来说，关于如何生活才会快乐这一问题，不同的女孩也会有不同的答案。当你只花200元就能买到精致的雪纺绸衫和漂亮的手提包时，你仍然会迫不及待地用半年薪水去换一款LV的限量手袋；虽然你已经住上了让很多人都羡慕不已的两室一厅，但你还想买一套100多平方米的复式新居……但得到这些后，你就真的幸福了吗？人的欲望本来就没有止境，因此，要让自己真的幸福起来，还需要你做到知足，知足才能常乐。

陈云大学毕业后就考入了一家事业单位，在外人看来，她拥有一份好工作，有着靓丽的外表，还有个对她好的男朋友，大家都很羡慕她。可是，一直以来不知道为什么，她都是那样的闷闷不乐、郁郁寡欢。可是，经过一次事情之后，她心中的那些郁结都打开了。

那次，一个在深圳打工的姐妹为了能让她快乐起来，就邀请她去深圳玩一趟。千里跋涉，坐了一天一夜的火车，在一个阳光灿烂的清晨，灰头土脸的陈云终于出现在来车站接她的好友面前。看到朋友衣着得体、容光焕发的样子，她更觉自己的卑微。

和陈云见面后，朋友和陈云聊起了自己刚来深圳的那段日子。那年，她独自一人来到这人生地不熟的大城市。初来乍到的她，东奔西跑了好多天，但却找不到一份工作，眼看带来的钱越来越少，她急得焦头烂额。这时，有个好心的人告诉她，某地有个叫张奶奶的老人，办了一个让外出人员临时居住的地方。在那儿住一个晚上只要两元钱，便宜！朋友找到了那里，住了下来。后来才在一个工厂找到一份活。她做了几个月，觉得活重，又没多少钱，就不想做了。后来，有个工友说："你如果有那么三两万的，就去把当地人的出租房包下来，再租给外出打工的人，做个二房东。如果运气好的话，能挣一些钱的。"受此点拨，她心动了。于是，她从亲朋好友那儿借了一点，加上自己的一些私房钱，第一次包了一幢房子来管理。一年下来，除了开销还真挣到了两万多块钱。脚跟站稳后，她把那下岗的哥哥和在家中务农的表姐表弟们都带出来了。

说着说着，朋友就带着陈云来到她刚开始住的地方。到了那个地方后，陈云看见一个弄堂，一扇大门大开着，简陋得有点零乱的房间里铺满了草席和被子。有几个妇女正席地而坐，在那儿边聊天，边打着毛衣，聊到高兴处还哈哈大笑起来。陈云想，住在这有点像“包身工”住的地方也笑得出来？真不明白她们是怎么想的。

陈云忍不住就问其中一个妇女：“你们出来打工，住这样的地方不觉得苦吗？”女人听了这没头没脑的话，就把陈云上下打量了一番，才说：“我不感到有什么苦呀！比起那些成天躺在床上，连吃饭拉屎都要靠别人的人来说，不知要幸福多少倍！……怎么说呢？我们有力气，能干活，能吃能睡，能说能笑，多好！”经过交谈才知道，女人来自贵州，先是在一家医院侍候一位瘫痪病人，不久前那位病人过世了，又正逢要过年了，找不到事做，就住到这儿来了。女人几句朴实无华的话确实让陈云感动。

现在的陈云已经变得开朗、快乐多了。时过境迁，她经常会想起那个贵州女人的话。

这个故事也告诉所有年轻女孩，压力来自于自身。一个女孩的幸福和快乐与否并不在于，她生活的环境有多好，也不在于，她的金钱有多少，学识有多高。而在于她的心境，心境好了，哪怕你一无所有，也会因为拥有清风明月而幸福快乐。就像那位贵州妇女，生活在那样的苦境中，也能拥有一丝美味所带来的欣喜，觉得自己是快乐幸福的。

德国哲学家叔本华曾说过：“我们很少想到自己拥有什么，却总是想着自己还缺少什么！不要感慨你失去或是尚未得到的事物，你应该珍惜你已经拥有的一切。”

生活在这个世界上是很不容易的，而生命却是有限的。

现代都市的每个女孩也都应该学会珍惜现在的生活，那么，从现在起，不妨学会知足吧：

当你每天为了生计奔波的时候，你应该知足了，因为你还有家人；

当你对父母的唠叨不胜其烦的时候，你应该感到知足，因为你还有父母的关心；

当你没有私人汽车去上班的时候，你应该感谢上苍，让你拥有健康。

情绪调控法：

做一个快乐的人其实并不难，拥有一个幸福的人生很简单，只要你懂得珍惜今天，把握好今天，放下焦虑。

放慢脚步，女孩要学会享受生活

相对于男性来说，女性似乎永远是一只忙碌的小蚂蚁。而对于二十来岁的女孩来说，她们更是脚步匆匆、心事重重。离开学校，她们要努力找工作，要面临激烈的职场竞争；她们还需要担心男人对自己是否忠诚，她们感受到了前所未有的压力。而其实，即便压力重重，你也要懂得享受生活，因为女人的青春有限，每个女孩都要善待自己。

人们常说，人生就是一次旅行，在这一过程中，只有翻山涉水，不惧艰辛，走过忧郁的峡谷，穿过快乐的山峰，趟过辛酸的河流，越过滔滔的海洋，才能走到生命的最高峰，领略美好的风景。然而，我们忽略的是，有时候，美好的风景就在眼前，何不放慢脚步欣赏呢？

现实生活中的很多年轻女孩，她们都希望自己能在职场做出一番成就。然而，越是有所追求，越是想干点事，可能遇到的烦恼和痛苦就会越多，凡是豁达一点，看开一点，相信自己，终会心想事成。

每个女孩，都不要对明天的事过于交焦虑。谁也无法预料到明天，你所能掌控的只有当下。你若想获得一个成功的人生，不仅要积累基础知识，更要修炼你的心性。心态改变命运，活好当下，全身心投入你现在的生活和工作才是基础。未来靠的是现在，现在做什么，怎样做，要达到什么目标，才能决定未来是怎样的。

詹姆斯巴里说："快乐的秘密，不在于做你所爱的事，而在于爱你所做的事。"比尔·盖茨曾说过："每天早上醒来，一想到所从事的工作和所开发的技术将会给人类生活带来巨大的影响和变化，我就会无比兴奋和激动。"

因此，忙碌的女孩们，从现在起，不妨先善待自己，让自己的身心都偷一下懒吧：

（1）每天打扮得优雅得体、干净利落，出门前照照镜子，对自己笑笑；

（2）交几个红颜知己，寂寞时叫她们陪陪，要么逛逛商场，要么一块吃饭，要么在家小聚，几个小菜，几杯美酒，知心话一吐为快，可以骂骂男人忽视自己，也可以谈谈以后孩子如何教育；

（3）听着音乐干家务，不会觉得疲劳，还会觉得是一种享受；

（4）枕头下始终放上一些书，读书可以益人心智，怡人性情，滋养人生；

（5）玩玩文字，写写自己的心情故事，自我安慰，自我欣赏，自我陶醉；

（6）买适合自己的衣服，穿出自己的气质，让同事们啧啧称赞的不一定是高档的服装；

（7）偶尔买一套和平日不同风格的服装，换换自己的心情，也给别人一个惊奇；

（8）经常变换发型，当然要与服装搭配；

（9）买些搭配不同发型的头饰，小的东西也可以，让你觉得饶有情趣；

（10）处几个异性好朋友，当然不是情人，你们的关系最好得到他老婆的认可，男人是理性的，女人是感性的，在生活中遇到什么事情，他们能诚心诚意地给你些建议；

（11）别为别人的事伤心，即使是你的兄弟姐妹，他们有自己的生活方式，各人有各人的命；

（12）偶尔偷懒一下，三顿饭的锅碗一次洗也不会怎么样；

（13）养几盆名贵花，像照顾孩子似的照顾它，看着它开花了，发新枝了，你都会有成就感；

（14）在闲暇时哼着小曲整理一下衣柜，可以把不再穿的衣服送给适合穿的人；看着孩子的小衣服还会使你想起孩子小时候的可爱，也是一种精神享受；

（15）保证睡眠充足，足够的睡眠会使皮肤光洁细腻，是天然的美容方法，还不用花钱。

总之，每个女孩都要在现实生活中要学会自我调节，拿得起放得下。工作的时候拼命工作，玩的时候就尽情玩。想打扮就打扮，想吃就吃，想睡就睡，随心所欲吧！人生在世难得几回醉？女人要学会善待自己，学会享受生活。

情绪调控法：

现实生活中，不少女孩觉得自己累，就是因为她们不懂得放松自己。作为女人，要学会享受生活，完善内心修养，提高自身能力，争取更大的空间和更好的生活质量，要有一颗乐观向上的心。

有节律地生活，能有效减轻压力

相信每个年轻女孩都深知，现代社会，时间已成为一种有限的资源，时间就是金钱，时间就是生命。于是，忙碌的女孩们总是不断地与时间赛跑，高度紧张的神经让她们开始疲乏，甚至身心俱疲，而你不妨反问一下自己，难道真的做不到让脚步放慢一点吗？事实上，你之所以忙乱，是因为你不懂得合理安排时间，做事效率低下的缘故。如果你在做事之前先静下心来，理清思绪，合理安排，那么，事情往往会达到事半功倍的效果。

莉莉是某公司的人力资源部的经理，长时间以来，她都将人力资源部管理得井井有条。无论是刚进公司的新人还是老员工，他们似乎都充满干劲。这些员工，每天都要与各式各样的人打交道，也都需要处理很多杂务，但他们毫无怨言。

很多高层管理者向莉莉取经，想知道她是如何管理的。莉莉的回答是："其实，任何一个人，每天面对同样一件工作都会枯燥的。所以，我经常在给大家分配任务的时候，并不会规定死时间，也不会每天把大家都关在办公室内，所以，您也发现了我的工作区域内经常看到的只是一部分员工。另外，我还鼓励大家交换工作，这样也有利于大家互相勉励。”

从莉莉的管理经验中，我们可以发现，她是个很善于安排工作的上司，为了舒缓员工的工作压力，她并没有硬性规定员工必须时时待在工作区域内，也不会规定死时间。带着轻松、愉快的心情工作，工作效率自然就会提高。

这里，年轻的女孩，你也应当吸取经验，合理安排工作、生活的时间，保持身心的愉悦，你的生活才有节律。

那么，具体来说，该如何合理安排工作、生活呢？

1. 统筹兼顾、合理安排

你应该合理分配工作、学习、休息的时间，做到劳逸结合，把握好工作节奏。

2. 善于使用零星的时间

你应该学会通过安排工作时间来充分收集一些零碎时间。事实上，很多人认为自己的工作时间不够用，主要是因为他们缺少集中的时间完成一件事。其实，如果你学会把零碎的时间集中起来，如一个下午可以先后安排开两个会，这样就可能节约出另外半天的时间。人们在工作中最容易浪费的就是零星时间，而做好时间规划，把零星时间凑整使用或做好工作安排，你会发现，这中间有很多可挖掘的宝贵的时间资源。

3. 每天留些“机动时间”

不少女孩认为，忙碌的一天才是充实的一天，以至于她们经常把一天的日程安排得满满的，但一遇到突发事件，就手忙脚乱了。其实，你应该每天腾出一点“机动时间”来。如果出现意外情况，你就能做到不打乱计划中的工作而坦然地处理它；而即使没有出现这些突发时间，你也能给自己一个放松和休息的机会，或与员工联络一下感情，或考虑一天工作中的得失等。这样，管理者就可紧张而又不失轻松地完成一天的工作，从容地面对明天。当然，要留出机动时间的前提依然是缩短做事时间，提高做事效率。

4. 分清事情的轻重缓急

按照事务的类型来安排时间。大致来说，事务可以分为四种类型，管理者应该根据每种事物类型来安排工作的先后顺序。

首先，紧急且重要。这类事指的是火烧眉毛之事，比如，事关企业效益的事、重要会议、亲人生病需送医院等。对于这类事，一般都不可马虎，在众多事中，理应首先处理，必须花上整天的时间来处理解决。

其次，紧急但不重要。对于接打电话、批阅文件、日常会议等事务，也需要管理者赶快处理，但不宜花去过多的时间。

再次，重要但不紧急。有些事务，诸如人才培养、远景规划等，看起来并不紧急，可以从容地去做，但却是管理者要下苦工夫、花大精力去做的事，是管理者的第一要务。

最后，不紧急也不重要。包括无意义的会议、可不去的应酬等。对于这类事务，管理者可先想一想："这件事如果根本不去理会它，会出现什么情况呢？"如果答案是"什么事都没发生。"那你就应该放慢脚步甚至是停止了。

情绪调控法：

日常工作和生活中，女孩，你只要合理安排时间，大可以不慌不乱，甚至有一些充裕的时间享受生活。

无论发生什么，都要给生活一个微笑

青春易逝，女人的一生是短暂的，人生经历二十几年，女孩，你是否发现，所有的日出日落，寒来暑往，一切的欢笑、泪水如戏剧，一幕幕地上演着。面对人生，你是否顿时觉得自己很渺小，渺小得很像一束远方的微光；渺小得很像漫天飞舞的蒲公英，随风飘扬；渺小得很像赤裸裸的沙漠，任人宰割。为此，你可能会惆怅，会感叹。其实你不必悲叹，因为生活本来就是这样，人本来也就是如此渺小。但渺小不是人生之光的黯淡，不是生命之火的熄灭，不是超然物外的冷漠。

事实上，女孩，在你的生活中，必定会发生挫折，但无论遇到什么，你都要给予生活以微笑，用理解的心态面对，勇敢地接受挑战，因为快乐的情绪能帮助你卸下压力，成为一个打不垮的强者。

为此，你需要做到以下两点：

1. 你要选择你的态度

当逆境到来之时，你可以选择两种截然不同的态度：消极被动地害怕和逃避，或者积极主动地面对和接受。

若心存消极态度，那么，你将被局面控制；而积极主动，则能反过来控制局面。如果你希望能够通过自己的努力使自己的能量一点点变得强大，同时让自己变得更完美，就必须选择积极主动的态度，那么，逆境这朵“浮云”自然会被你驱赶出心灵的天空。

2. 要想保持良好的心态就要学会自信

自信是成功的前提，也是快乐的秘诀。唯有自信，才能在困难与挫折面前保持乐观，从而想办法战胜困难与挫折。俗话说得好：“尺有所短，寸有所长。”每个女孩也都有自己的无限潜能。人不能光盯着自己的缺点、短处和现在，而要学会欣赏自己，多看自己的优点、长处和未来。你自己首先要做一个自信的女孩，一定要学会赏识自己，悦纳自己，勉励自己。

3. 要学会调节

生活是千变万化的，悲欢离合，生老病死，天灾人祸，喜怒哀乐，都在所难免。一次被拒绝的失望，一场伙伴的误会，一句过激的话语，都会影响我们的心情，生活中的不顺心事总是很多，这就需要每个人要学会调节自己的心态。怎样调节呢？最简单有效的做法就是用积极的暗示替代消极的暗示。当你想说“我完了”的时候，要马上替换成“不，我还有希望”；当你想说“我不能原谅他”的时候，要很快替换成“原谅他吧，我也有错呀”等。平时要养成积极暗示的习惯。

4. 要学会宽容，培养自己宽广的胸怀

一个女孩心胸狭窄，只关注自己，就容易生气，闷闷不乐，斤斤计较。而当你胸怀宽广时，你就会容纳别人，欣赏别人，宽容别人，自己的心境也就能保持乐观，所谓“退一步海阔天空”“仁者无敌”。你要善待每个朋友，深切地理解每个人，相信自己，也相信别人，严以律己，宽以待人，胸怀祖国，放眼世界。这样，你一定能保持良好的心态。

5. 反省自己

事实已经如此，你无法控制，但你可以控制自己的内心，让自己内心强大起来的方法就是反省自己。你需要问自己的是，为什么这件事不发生在别人身上，而发生在自己身上？我有哪些做得不足的地方？我应该怎样从自己出发，找到一个适当的、合理的方法去改进，从而去影响它？

怀着反省和觉悟的，以及积极的心态看回自己，你就能带着耐心和勇气，一点点地拆开这包裹严实的包装纸，发现里面珍藏的真正的生命礼物。

总之，女孩，无论何时，你都一定要学会坚强，要保持清醒冷静的头脑，坦然面对生活，从容面对现实，改变你能改变的，接受你所不能改变的。人生本身就是一个得与失循环往复的过程，对此，保持一颗淡然泰然、平和平衡的心态尤为关键。

情绪调控法：

任何一个年轻女孩都要胸怀宽广，执着进取，挑战自我，不屈命运，坚信自己，积极思想。那么，你就能始终保持良好的情绪，即使生活给予挫折，你也要怀着理解的心态给它一个微笑！

劳逸结合，懂得休息的女孩才懂得工作

曾经有人说，人的生命只有两种状态：运动和停止。现代社会，初入职场的女孩，大概每天都在拼命地工作，虽然双休日时能够在家小睡个懒觉，但恐怕心也不会那么淡然。用持之以恒的精神拼搏、奋斗是我们必须具备的一种品质，但并不意味着要一刻不停地奔波与忙碌。适可而止，会休息才会成长。只会向前猛冲，而不懂得减速缓行的人，在人生的某个弯道处，一定会冲出跑道，损失更多。

因此，女孩们，在工作之余，一定要懂得休息，只有劳逸结合，才有更高的工作效率。我们不妨先来看下面的故事：

有个成功的女企业家，她的成功可谓是一路艰辛。她从十几岁就开始给别人帮工，每天都是早起晚睡的，整天都是忙忙碌碌，好像她就没有休息过，也没有参加过任何的娱乐活动。那段日子她的梦想是，将来自己有一间铺子就好了。

几年后，她终于开了一间铺子，生意不错。此时，她告诫自己，自己的生意，更不能放松，于是仍然起早贪黑，匆匆忙忙，休息时间更少了。她想，等将来生意做大了就好了。

又过了几年，她的生意果然做大，拥有了数间很大的门市，每天货进货出几百万元的资金流动，她更不敢放手给别人去做，还是自己苦拼，联系货源，接待客户，管理账目……没黑没白，忙得如有狼在后面追一般。看她真的好辛苦，有人就劝她："你放一放可以吗？好好的休息一天，看看世界会不会大变！"

她回答："不行，我不做时，别人会做的，前面的那些大户们我会追不上的，后面一些中小户又逼上来，放一放，我会落在后面的。"

终于有一天，她累倒了，被迫躺在病床上不能动了，以前高速运转的日

子一下停下来，她终于可以静静地想一下匆匆而过的人生了。有一次，她看到一个病人被抬进手术室再也没回来，那个病人很年轻，刚刚还与自己谈过出院后要去旅行。她看着对面空空的病床，心不由一震，顿时大彻大悟了：人由生到死其实只是一步的事，这一步，自己却走得太过沉重啊！一直以来，自己的名利心太重，想要的太多，然而真正得到的却很少。如果不是这次病倒，她会一直拼到50岁、60岁，甚至更久，没有娱乐，没有休息，最后两手空空的离开这个世界，这是一件多么可悲的事啊！康复后，她像换了一个人似的，生意还在做，只是不那么拼命了，她不再去追前面的大户，也不怕后面的小户追上来，甚至错过一笔很有赚头的生意也不会在意，人们还经常可以在高尔夫球场上看到她，有时她也慷慨地与家人坐飞机到外地旅游。

她终于懂得了生活的意义。

生命如此脆弱，人生苦短，我们当然需要努力地工作，但我们不能忘记，除了工作之外，还有很多值得我们追求的东西，如健康、幸福等。因此，和故事中的企业家一样，我们也应及早幡然悔悟，才能收获一份最本真的快乐。

有过登山经历的女孩，也许你会有这样的体会，那就是：山很高，需要分好多步才能登顶，最关键其实就是在中途，一旦不停下来休息，那么就必然是在最接近终点的时候落下。工作中，适时调整自己也是必需的，一个真正会学习的人不会打疲劳战，而是懂得充足的休息才有更充沛的精神。

那么，女孩，在工作中，你该怎样做到劳逸结合、调整自己呢？

1. 统筹兼顾、合理安排

你应该合理分配工作、休息的时间，做到劳逸结合，把握好生活节奏。

2. 多做体育运动

不知你有没有这样的体验：当情绪低落时，参加一项自己喜欢又擅长的体育运动，可以很快地将不良情绪抛之脑后。这是因为体育运动可以缓解心理焦虑和紧张程度，分散对不愉快事件的注意力，将人从不良情绪中解放出来。另外，疲劳和疾病往往是导致人们情绪不良的重要原因，适量的体育运动可以消除疲劳,减少或避免各种疾病。

3. 留出一些机动时间以处理突发状况

你应该学会合理规划时间,留出一些时间处理突发情况。

情绪调控法:

日常工作中,女孩,只要你合理安排时间,懂得调节自己,做到劳逸结合,才能更好地工作和生活。

累了,就好好睡一觉

可能不少年轻的女孩会问:当自己开始产生自我厌烦情绪时,当自己开始厌烦周围的一切时,当做什么都感到疲惫不堪时,该做什么来调整自己呢?当然,你有很多属于自己的解压方法,但最有效的减压方法莫过于——睡觉。因此,女孩,当你感到身心俱疲时,给自己多一点时间睡觉,你就能快速恢复、获得力量。这是因为,在睡眠期间,人体各脏器会合成一种能量物质,以供活动时用;由于体温、心率、血压下降,部分内分泌减少,使基础代谢率降低,也能使体力得以恢复。

现代社会,人们为了生活,四处奔波,工作和生活的压力常常使得人们喘不过气来。人们急切地希望找到一种能帮助自己减压的方法。于是,市场上各种付费方法就应运而生了,诸如,维生素药剂、各种放松疗法等,我们不能否定这些疗法的功效,但最好的养生方式是睡觉。

那么,人为什么要睡觉?睡觉是人体休息的一种方式,也是一种生理反应。几乎每个人,在忙碌了一天后,都希望能美美地睡上一觉。可以说,一辈子不睡觉的人是极少的。白天,人的大脑是兴奋的,但忙碌太久后,大脑皮质内神经细胞就会产生抑制的作用,如果这种作用占优势的话,人们也就想睡觉了。这一抑制作用是有效的,是为了保护神经细胞和大脑,进而让人们第二天有精力继续工作。

可以说，当人们累了的时候，睡觉是最好的休息方式，能使大脑受益。

德国卢比克大学的JanBorn和他的同事们对此进行了一项研究，实验对象有106人，他们的受训任务是将一系列繁杂的数字通过等式转化为另外一种形式，而他们并不知道其中隐藏了一些计算诀窍，在经过良好的睡眠后，参与者发现这种诀窍的几率从23%提高到了59%。也就是说，睡眠是非常重要的。

好好睡觉不但可以恢复身体机能，还能治病。然后，睡觉这么简单的事，在现代人看来，却成了“奢侈品”。有资料显示，目前我国睡眠障碍患者约有3亿，睡眠不良者竟高达5亿！美国国家睡眠基金会一项调查则指出，现代人的睡眠比生活在19世纪初的人们要少2小时12分钟。

实际上，抵抗疾病的第一步就是高质量的睡眠。法国卫生经济管理研究中心的维尔日妮·戈代凯雷所作的一项调查表明，缺觉者平均每年在家休病假5.8天，而睡眠充足者仅有2.4天，前者给企业造成的损失约为后者的3倍。

据德国《经济周刊》日前报道，缺乏睡眠会扰乱人体的激素分泌。若长期睡眠不足4小时，人的抵抗力会下降，还会加速衰老、增加体重。而哪怕只是20分钟的小睡，也能让你像加满油的汽车一样动力十足。接下来，我们总结一下睡眠的好处：

1. 睡眠有利心脏健康

在希腊有一项关于睡眠的研究，有两万多人参与，研究结果表示，一周内至少有三次30分钟午睡的人患心脏病的风险降低了37%。此外，难治性高血压、糖尿病等，也都与睡眠密切相关。

2. 睡眠可以减压

研究表明，睡眠可以降低体内压力激素的分泌。每当感到压力大的时候，即使打个小盹，也能让你迅速释放压力，提高工作效率。

3. 睡得好，能让你更聪明

德国睡眠科学家在英国《自然》杂志上撰文指出，好的睡眠质量能增强创作灵感。这是因为经过睡眠后，人的脑细胞得到储存，大脑耗氧量开始减少。醒后人的大脑思路开阔，思维敏捷，记忆力增强。

4. 睡眠是最便捷、省钱的美容方式

人睡着时，皮肤血管完全开放，血液充分到达皮肤，进行自身修复和细胞更新，起到延缓皮肤衰老的作用。睡眠不足还会导致肥胖，药物减肥远不如睡个好觉更有效。

5. 适当“多睡”是一味治病良药

可能你也发现，在医院里，医生都会经常嘱咐病人要多休息。中医更强调治病要养病，而睡眠就是最好的调养方式。

这一生理机制是：当人们生病时，身体会受到感染，而此时，会产生诱发睡眠的化合物——胞壁酸，它除了诱发睡眠外，还可增强抵抗力，促进免疫蛋白的产生，因此睡眠好的患者病情痊愈也快。举例来说，高血压患者每天要保证 7 ~8 个小时的睡眠，老年人可适当减少至 6 ~7 个小时；对心脑血管患者来说，中午小睡 30 ~60 分钟，可以减少脑出血发生的几率。

6. 睡眠还能延长寿命

正常人在睡眠时分泌的生长激素是白天的 5 ~7 倍。美国一项针对 100 万人、长达 6 年的追踪调查表明，每天睡眠不足 4 小时的人死亡率高出正常人 180%，而充足的睡眠有利于延长人的寿命。

情绪调控法：

睡眠可以消除身体疲劳。在身体状态不佳时，美美地睡上一觉，体力和精力很快会得到恢复。

第9章

吐出你的“闷气”，别让内心压抑自己

二十来岁是情绪化的年纪，女孩，在你生活的周围，令你生气的事实在太多，你肯定会愤怒，每个人都不可能完全活在无情绪的世界里。但你不要把这些情绪压抑在心中，因为一味地压抑心中不快，只能暂时解决问题，负面情绪并不会消失，久而久之，就可能填满你的内心世界，使你的身心越来越疲惫。因此，在愤怒时，你一定要学会将闷气吐出来，才能避免生闷气给自己带来的身心伤害。

女孩拓展心的宽度，将闷气放走

生活中，相信每个年轻女孩都会遇到一些令人气愤的事，而那些心胸宽大的人都能做到控制好自己的情绪，操纵好情绪的转换器，不仅会显其大家风范，获得尊重，也会收获很多快乐。

一位研究情绪的心理学家曾这样告诉人们："生气是一种最具破坏性的情绪，它所给人们带来的负面情绪可能远远超过我们的想象。"马克·吐温说："世界上最奇怪的事情是，小小的烦恼，只要一开头，就会渐渐地变成比原来厉害无数倍的烦恼。"而对于智者来说，在烦恼面前，他们不会愤怒，因为他们深知，愤怒是十分愚蠢的行为，只会让自己陷入糟糕的情绪循环之中。

对于二十来岁的女孩来说，你也应把扩宽自己心的宽度作为培养良好情绪的重要方面。当你遇到了不快的事情、在心里生闷气时，请告诉自己：如果我原谅他了，我的品质又提升了一步，自然就能将闷气放出去。

有一天，小魏去逛超市，五点左右回家的路上，在旧货市场门口正常过人行横道线，走到马路中间时发现几米远的地方有一辆红色小车开过来，她心里想想还有段距离，过去是来得及的，更何况驾驶员看到有人在走人行横道应该会让行的。可是让她意想不到的是，这个驾驶员非但没有减速反而加速行驶过来，速度之快让她没有反应能力，当她反应过来的时候就听到一阵急刹车，驾驶员将车停在距她30厘米的位置，而且已经压在人行横道的线上了，这时她真的是心跳加速！她下意识抬头一看，开车的竟然是一个比较漂亮的年轻女性。而当她准备离开时，没想到这个女人从车上下来，指着小魏就骂："长没长眼睛啊，没看见车啊？"这时的小魏真觉得是莫名其妙，明明是她差点撞了自己，却反咬一口，真是没道理。而这个时候，马路边上已经聚集了一堆人，开始往这边涌来，对这个女人指指点点的，似乎是在说她不对。小魏本打算与其理论，可一想，这样实在影响不好，事情又不大，也毁自己形象，于是就离开了。剩下那个女人在那里破口大骂，围观的人还没有散去。

这种故事中，女孩小魏的做法是对的，她选择了宽容，而不是生闷气。而那个女人则在公众场合丑态百出，可她自己还没意识到。面对他人的冒犯，每个人都可能愤怒，可是要注意一个度，别让愤怒玷污了你的形象，小魏和那个女人留给围观的人的就是不同的印象。

正所谓，退一步，海阔天空，忍一时，风平浪静。宽容就是不计较，事情过去了就算了。每个人都有错误，如果执着于其过去的错误，就会形成思想包袱，不信任、耿耿于怀、放不开，从而限制了自己的思维，也限制了对方的发展。

一个智者这样说过：“你必须宽容三次。你必须原谅你自己，因为你不可能完美无缺；你必须原谅你的敌人，因为你的愤怒之火只会影响自己和家人；在寻找快乐的路途中，最难做到的或许是你必须原谅你的朋友，因为越是亲密的朋友，越能于无意中深深中伤你。”每个人都在企图证明：我是对的，而你是错的。而宽容待人，就是在心理上接纳别人，理解别人的处世方法，尊重别人的处世原则。

你是否曾因为朋友无意中的一个过错而耿耿于怀？你是否因为想证明自己的观点而对朋友恶语相向？如果是，请考虑一下对方的感受吧！人总有自尊心，没人会愿意被人直指短处。更何况，我们所想的真理，其实可能正是他人认为的谬误。

不过，宽容说起来简单，可做起来并不容易。包容，归根结底，根源于爱和理解。女孩，你只有做到心中有爱，你才能以同情的态度对待他人，才会充分尊重他人的立场和见解。只有爱，才能消除彼此的敌视、猜忌、误解；而爱的荒芜和消亡，将使最亲密的人彼此伤害、仇视以致兵戈相向。

情绪调控法：

生闷气，对于每个女孩来说，犹如一颗定时炸弹，将严重影响你的正常生活，使生活失去了原本平和的美丽。而宽容是一笔无形的财富，有了宽容之心，你就会变得善良、真诚，它会帮你亮起一盏绿灯，帮助你在工作中通行。选择了宽容，其实便赢得了财富。

轻松面对，女孩找到释放闷气的方法

相信每个女孩都知道，在日常生活中，每个人都难免会遇到一些让你愤怒的事。有些女孩选择爆发出来，有些女孩选择憋在心里，其实这都不是解决问题的最佳方法，前者会引发情绪连环反应，而后者则会让人生闷气。而实际上，问题的好坏还在于你看待事情的心态。如果你用轻松的心态面对，并找到释放闷气的方法，那么，结局往往是利于你的；你越是紧张，可能情况就越糟。

二十来岁的女孩，你也应学会修炼自己泰山压于前而面不改色的淡定心态，这样，你就能以最佳的状态去解决问题。

二十来岁的女孩，当生气的情绪反应已经出现时，有效的调适方法应该是：

1. 坦然面对和接受自己的负面情绪

你应该想到自己的生气是正常的，不要与这种不安的情绪对抗，而是体验它、接受它。要训练自己像局外人一样观察你生气的心理，注意不要陷入里边去，不要让这种情绪完全控制住你："如果我感到生气，那我确实就是生气，但是我不能因为生气而无所作为。"此刻你甚至可以选择和你的内心对话，问自己为什么这样生气，这样你就做到了正视并接受这种生气的情绪，坦然从容地应对，有条不紊地做自己该做的事情。

2. 积极暗示

德国人力资源开发专家斯普林格在其所著的《激励的神话》一书中写

道:“人生中重要的事情不是感到惬意,而是感到充沛的活力。”“强烈的自我激励是成功的先决条件。”所以,学会自我激励,就是要在内心告诉自己:我相信自己可以做到释放情绪。如果你被愤怒的情绪笼罩,那么,你就会成为情绪的奴隶。

3. 关注自己内心的感受

做到从内心原谅他人,你就必须学会把自己的注意力从犯错者的神色转移,而关注自己内心的感受。

其实,换另外一个角度,你是否原谅他人,对对方来说,有影响吗?受煎熬和内心折磨的人是你自己,那么,你为何还要折磨自己呢?如果你是爱惜自己的,希望自己是快乐的,那么,你就应该选择原谅他人。原谅别人实质你什么都没有做,只是把自己从别人带给你的负面影响、伤害中解脱出来。是否原谅,表面上看,它体验的是你的心胸是否宽广的问题,但其实,这就是一个懂不懂得自爱和爱他人的问题。在这样的一个社会当中,你必定会受到别人的很多欺负、伤害、冤枉,但你千万不要伤害自己。

4. 做一些放松身心的活动

具体做法是:

(1)选择一个空气清新、四周安静、光线柔和、不受打扰、可活动自如的地方,取一个自我感觉比较舒适的姿势,站、坐或躺下。

(2)活动一下身体的一些大关节和肌肉,做的时候速度要均匀缓慢,动作不需要有一定的格式,只要感到关节放开、肌肉松弛就行了。

(3)做深呼吸,慢慢吸气然后慢慢呼出,每当呼出的时候在心中默念“放松”。

(4)将注意力集中到一些日常物品上。比如,看着一朵花、一点烛光或任何一件柔和美好的东西,细心观察它的细微之处;点燃一些香料,微微吸它散发的芳香。

(5)闭上眼睛,着意去想象一些恬静美好的景物,如蓝色的海水、金黄色的沙滩、朵朵白云、高山流水等。

(6)做一些与当前具体事项无关的自己比较喜爱的活动,比如游泳、洗热水澡、逛街购物、听音乐、看电视等。

女孩,也许曾经你受到过某个人的伤害,也许就在昨天,还有个人在你背后诋毁你,你肯定心生不悦,你觉得自己不应该受到这种伤害,甚至怀恨在心,想寻找机会报复。不过现在的你,已经逐渐长成一个成熟的女性了,你应该明白,这样做毫无益处,而且,不放过他人其实就是不肯放过自己。在这个世界上,任何人都会受到他人有意无意的伤害。人一旦受到伤害,最容易产生两种不同的反应:一种是怨恨,另一种是宽恕。

当你觉得某件事情让你无法原谅时,你就产生一种不平衡的心理,你会生闷气。如果你能听从他人的劝解,慢慢将自己的仇恨化解,去原谅别人,听进去别人的忏悔,给对方一个机会,最终宽恕他,自己的心便会尽早走出笼罩的阴影,见到光明;但如果你陷在负面情绪中不能自拔,那么,结果必将是使别人痛苦的同时,自己的内心也受到极度的煎熬。

情绪调控法:

消除怨恨最直接有效的方法就是宽恕。宽恕必须承受被伤害的事实,要经过从"怨恨对方"到"我认了"的情绪转折,最后认识到不宽恕的坏处,从而积极地去思考如何原谅对方。

"闷气"可以用委婉的方式传达出来

生活中,相信不少年轻女孩都遇到过令人气愤的事,一些女孩认为将愤怒宣泄出来无济于事,还会恶化事态,于是,她们会选择生闷气,将内心不满隐藏起来。其实,如果你能选择用委婉的方式将自己的情绪传达出来,是能起到让自己放松,让对方接受意见的效果的。

事实上,在日常生活中,你需要委婉表达的情况有很多,尤其是表达不满。如果不顾对方的感受和情绪,把自己的想法强加给别人,不仅起不到预想的效果,还会恶化彼此之间的关系。此时,你可以利用言语暗示来传递一些信息,暗示所采取的方式可以是含蓄的语言,但只要对方能够明白你所表达的意思,那么,你的目的就达到了。通过大量事实证明,暗示比直言快语更能凸显出表达效果,因为它所表现出来的婉转曲折,总是给人以愉快的心情。

我们不妨看看下面的故事:

一天,王大姐来到一家餐馆就餐,发现汤里有一只苍蝇,这很令她倒胃口。于是,她找来服务员,并质问他,可没想到服务员却全然不理,好像没听见她的抱怨一样。

后来,气愤中的她亲自找到餐馆老板,提出抗议:“这一碗汤究竟是给苍蝇的还是给我的,请你解释一下。”

那老板一听,把责任全推在服务员身上,于是,只顾训斥服务员,却全然不理睬她的抗议。

王大姐只得暗示老板:“对不起,请您告诉我,我该怎样对这只苍蝇的侵权行为进行起诉呢?”

那老板这才意识到自己的错处,忙换来一碗汤,谦恭地说:“你是我们这里最珍贵的客人!”

说完,大家一起笑了。

这则故事中,我们不得不佩服王大姐的气度,很多人在这种情况下,势必会大发雷霆,当然,这样做对事情的解决毫无帮助。而王大姐虽然是有理的一方,却没有颐指气使,也没有对老板和服务员纠缠不休,而是借用所谓“苍蝇侵权”的比喻暗示对方:“只要有所道歉,我不会追究。”这样老板也就明白了她的话,“苍蝇事件”自然也就在十分幽默风趣又十分得体的氛围中化解了,避免了双方的尴尬和窘迫。

语言暗示，也就是不明说，而用含蓄的语言使人领会。在日常生活中，很多时候我们都无法直接表达自己的想法，这时候就需要通过暗示来表达，于是就出现了一语双关、含沙射影、指桑骂槐等旁敲侧击的艺术性语言。

这里，你可以将语言暗示运用到以下几个方面：

1. 拒绝

琪琪在相亲派对上认识了一个男士，开始两人相处得还不错，但很快的，琪琪就发觉两人性格不合，打算找一些借口断绝和对方的往来。“下周末我们还去郊外钓鱼怎么样？”临分别的时候，那个男士又邀请琪琪。“下周我们一直都要上班，周末也是。”“那就再下周了。”“那就再说吧，最近总是在周末出去玩，我周一上班都没什么精神，我要回去休息了。”说着，琪琪还适时打了一个“哈欠”。对方马上意识到了琪琪的意思，从那天起就几乎不和琪琪联系了。

这里，琪琪拒绝此男人邀请的方式就是委婉暗示的方法，巧妙地利用暗示的方法让对方知道，你对他提出的意见不感兴趣，他就会知趣而退。比如，你这个周末与某个朋友在一起玩，他希望你下个周末还陪他出去，而你则另有自己的安排，不如就说：“今天时间不早了，周末玩得太累会影响工作的，我该回去休息了”。这样说，你就给对方一个暗示，你并不打算再在周末的时候和他一起出去，对方就明白你话里的拒绝意思了。

2. 委婉表达讥讽之意

在日常交际中，直接辱骂别人，听者当然很容易就能听出来。但如果对方是利用暗示语言来侮辱人，我们就更应该注意了，这时不仅要善于听出别人的恶意，还应该“以其人之道还治其人之身”。比如，安徒生戴了一顶破帽子，过路人取笑“你脑袋上边那个玩意是什么？能算是帽子吗？”安徒生随即回道：“你帽子下面那个玩意是什么？能算是脑袋吗？”

3. 暗示自己的不满

有时候，面对他人的错误，我们也最好以双关影射之言来暗示他，迫使对方意识到自己的错误。

情绪调控法:

当你对他人的行为或语言产生一些负面情绪时,千万不要生闷气,而直接表达出来,难免会驳别人的面子。这种事情如处理不当,轻则伤害对方,让对方难以接受,疏远彼此间的关系,重则得罪人,结仇家。对此,暗示,既表达了自己的意思,又让对方轻松接受。利用话里藏话暗示他人,是每个年轻女孩必备的语言技巧。

愉悦身心,用幽默化解心中郁结

相信每个女孩都知道,生活绝非全是幸福,与幸福相对的就是烦恼,这是一对孪生的兄弟,谁也离不开谁。实际上,生活就是如此,总是由烦恼和幸福组成并相互转换。一些女孩遇到问题就会变得烦躁不安,甚至会发火,而作为她发火的对象,也会因此变得心情不悦,于是,这种心绪就会互相传染,从而带来更大的烦恼和不快。其实,减轻压力、摆脱烦恼、制造快乐的方法很多,其中有一种很好的愉悦身心的方法,那就是幽默。因为“开心是一剂良药。”

一位国外名人非常认同幽默的力量,他认为幽默能让人开心,而开心自然就能更好地保持心理健康,并且还能治愈许多疾病。幽默是最有效的精神按摩,能有效地帮助患者松弛紧绷的神经。

著名科学家法拉第年轻时由于工作紧张,导致精神失调,患上了精神抑郁症,情绪很不稳定,虽然进行了药物治疗却毫无起色。后来一位名医对他进行了仔细的检查,但未开药方,临走时只说了一句:“一个小丑进城胜过一打医生”。法拉第对这句话仔细琢磨,终于明白了其中的奥秘。从此以后,他经常抽空去看马戏、滑稽戏和戏剧,经常开怀大笑,渐渐地,他的精神状态得到了康复。

小丑利用幽默的语言和滑稽的动作，制造笑声，给精神进行按摩，起到舒缓紧张神经的目的。

女孩，初入社会的你，可能也会经常遇到一些烦心事。此时，怨天尤人、消沉、悲观厌世，甚至怀有仇恨心理，这些都于事无补；相反，学会幽默，学会苦中作乐，反而使你的心灵得到滋养。因为幽默，你会笑口常开，你会拥有一颗比常人更加年轻积极向上的心。当然，化解不良情绪的幽默，可以来自于自己，也可以通过读懂他人的幽默获得。

陈红是个网络作家，更是个幸福的女人，结婚十几年来，她总是生活在丈夫为她制造的快乐中。有时候，即使心情不好，丈夫也能让她的心情“多云转晴”。星期日，丈夫说他要看书，让她看孩子。本来陈红要写稿子，可丈夫难得刻苦一次，陈红觉得应该鼓励他这种偶尔的进取，就带着孩子出去了。

临近中午，其他家长都带着孩子回家了，陈红的孩子没玩伴也闹着回家。可她想给丈夫多一点儿时间，就又想方设法哄着孩子多玩一会儿，直到孩子说他饿了，才带他回家。

回家后，陈红满以为丈夫坐在写字台前，一手握着笔，一手翻着书，眉头紧皱、满脸深沉地用功呢，谁知进了门一看，人家“老先生”正歪在沙发上，指间夹着烟，兴致勃勃地看香港武打片呢！

陈红的火一下子上来了，声音尽管不高，但语气很冷：“我的稿子不写，带着孩子出去玩，到点还不敢回家，怕耽误您的学习。您可倒好，书不看却在这儿看电影！”

丈夫见她不高兴了，就像个受害者见到了伸张正义的人，用很气愤的声调“控诉”说：“看电视报上的片名，真以为是个猛片呢，看到现在才发现，这根本不够猛片的水平！”于是，他手握遥控器，很夸张地用力一按关了电视，站起身来扳着妻子的肩膀，一本正经地说：“走！咱们找电视台索赔去！它耽误了我看书是小事一桩，耽误我老婆写稿子事儿可就大了，咱们至少向电视台要求赔偿100万元！”

虽然陈红忍着没笑，但气一下子消了。的确，丈夫已经用这种轻松方式表示他的歉意和愧疚，她还有什么话可说，还有什么值得深究的？于是，她只好打开电视，把丈夫按在沙发上：“还是看完这不够猛的片子吧，要不索赔也没有依据。”

这里，陈红的烦恼和快乐可以说都来自于她的丈夫，丈夫的无理行为，让她顿时气不打一处来，但丈夫几句幽默的话，立即让她的心情变晴朗了。

那么，生活中的女孩，你又该如何运用幽默来化解心中郁结呢？专家提出以下几点建议：

1. 找点“糗事”做做

著名心理学家埃利斯发明了一种“打击羞耻”的练习方法，也就是你不妨让自己在公共场合找一些“糗事”做做，比如，找陌生人借一块钱，在公交车上大声报站等。做完这些“糗事”后，人们觉得很多担心的事“原来也不过如此”。

2. 自嘲

每个人都有这样那样的缺点和不足，比如，长得太胖、说话结巴……自卑和逃避这些问题只会凸显这些问题，而坦率和戏剧化的自嘲能使心理天平保持平衡，化解抑郁情绪，而且坦诚也会得到他人的信赖和好感。

3. 夸张

遇到问题，你的心情难免紧张，此时，你不妨预测一下最坏的结果，并把这一结果在脑子里进行夸张的想象，你可能会莞尔一笑，心情自然会轻松许多，从而心情大好。

4. 联想

在正常的思维模式下，如果你认为某人比较优秀，再将其与自己进行比较，你会发现，对方真是完美极了，而自己太卑微了。那么，你不妨换一种思维，你可以想象一下对方身上的俗事，把神化的对方重新变成俗人，如看电视时吃得满脸都是薯片碎末，喝汤吧唧嘴等。

总之，幽默对于情绪的调节，就像是夏日里的清风、严冬里的温暖，幽默是忧愁时的欢乐。挖掘生活中的点滴幽默吧，你会发现，从你懂得幽默的那一刻起，幸福和快乐便与你相伴相随！

情绪调控法：

幽默是一种生活的大智慧，是解除苦闷的金钥匙。幽默是生活中的调味剂，既能让自己轻松，也能为别人增添快乐。

换位思考，就会减少心中闷气

在日常生活中，每个女孩都会遇到这样那样的事情，都会产生一些负面情绪。一些女孩为了不把情绪传染给周围的人，就选择生闷气，实际上，这样做，对身心无益。很多时候，如果你能站在对方的角度去思考一下，你便发现一切情有可原，也就能减少怒气了。

张阿姨身体一直不好，有心脏病，还经常失眠。而最近，隔壁好像在装修，经常大清早就产生噪声，夜间失眠的张阿姨好不容易睡着，又被吵醒了。为此，张阿姨的儿子很生气，要去对面理论一番。

谁知道，第二天早上大清早，对面的邻居就敲开了张阿姨家的门。张阿姨从厨房走出来，这位邻居急忙上前做了一个作揖的姿势："大妈，我今天来，是想说声对不起，我今天才知道您心脏不好，昨天打扰到您了。不过您放心，我给民工定了规矩，装修时间早上 8 点半到中午 11 点半，下午 2 点半，晚上最晚到 6 点半，如果违反我就扣他们的工钱。这是我的名片，他们如果做得不好您就给我打电话。"

从第二天开始，这些民工果然很守规矩，而且很会办事，用电钻、电锤时就过来告诉张阿姨一声，让老太太有个思想准备。以往楼里一家装修全楼倒霉，不仅是噪声，楼里楼外又脏又乱。而这家的装修工人却把废料装在编织袋里，整齐地码放在楼角处。每天都有专人打扫楼道。由于有严格的工作时间，两居室足足装修了两个多月，时间确实长了点，可没招来邻居一句抱怨。

为此，张阿姨对儿子说：“多为人家想想，就没什么可生气的。”

的确，替别人着想是一种美德，是解决问题的首要途径。换个角度来讲，替别人着想，就等于释放了自己，改善了自己的心境，使自己不容易生气。当我们发自内心地替别人着想时，同时自己心理的烦恼也能得到解脱和排遣。

同样，相对于男性来说，女性更温柔，每个女孩也都要成为善解人意的人。工作或生活中，遇到不顺心的事，要想摆脱不良的心境，就必须时常为别人着想，这是一种最有效的心理良药。如果有人做了让你愤怒的事情，你必然会生气，但你若能站在对方的角度上想一想，那么，你会发现，事情完全是情有可原。每个人都有自己的困难和压力，也许他正在应付紧张局面，也许家里发生了一些事情，正被弄得焦头烂额……了解清楚了，同情加温情，把他看做有错的能干人，正在跟你一样努力活着，这样一想，就能完全冷静下来，愤怒情绪也就不存在了。

丹丹由于一直在外地上学和工作，很少和父母一起生活，当男朋友跟她说他们结婚之后可能会和他的父母一起生活的时候，丹丹感到很害怕。没有和长辈一起生活那么久的经验，再加上是本来不认识的长辈，即使以后成了一家人，也会或多或少有些难受。

结婚之后，丹丹就感觉自己的婆婆是一个什么都要管的人，家里的什么事情她都要知道，尤其是老公的事情，她要是不是第一个知道就会不高兴，甚至还会在家闹。对于自己儿子的一切她都爱打听，连许多被丹丹认为是隐私的，婆婆都会问到，不告诉她的话，她又不高兴，说都是一家人了，还有什么隐私啊。对于这样的婆婆。丹丹感到特别无奈，但是又没有办法，只能在以后尽量地少和婆婆说话，不说话就不会错，甚至还尽量减少和婆婆的单独相处。

现在，丹丹也是一个孩子的妈妈了，对自己孩子的一举一动都非常关心。如果关于孩子的事情，自己不是第一个知道的，就会感到特别伤心，就会有一种失落感。这个时候，她才理解了婆婆，原来婆婆什么都管的背后藏着的是一颗关心儿子的心，是自己忘记了婆婆的另一个身份，忽略了婆婆也是老公的妈。这个时候才对婆婆的行为有了深层的了解，也明白了婆婆并不是想管他们夫妻之间的事情，而只是纯粹的出于关心。

故事中的丹丹为什么能缓解和婆婆之间的矛盾，就是因为她在成为妈妈后也能站在婆婆的角度考虑问题，也就自然多了一份理解。

总之，每个女孩都要记住的是，幸福与快乐就在自己的心中，幸福和快乐关键在于自己，在于自己对人对事的态度。替人着想作为一种内心的愉悦体验，是获得幸福快乐的最低成本途径，又何乐而不为呢？

情绪调控法：

任何的想法都有其来由，任何的动机都有一定的诱因。了解对方想法的根源，能帮助你做到理解对方，进而消除心中闷气。

坚强的女孩也可以哭，释放心中的苦楚

女孩，在你心情不好的时候，周围的人是不是这样劝慰你："没事，笑一笑。"很少有人劝你"哭一哭"。而实际上，真正能起到释放人的内心压抑情绪的方法是哭泣，而不是微笑。

我们不妨先来看下面一个故事：

袁小姐今年24岁，刚结婚，她和丈夫过着幸福的生活。但结婚不到一个

月，命运跟她开了个玩笑，丈夫被查出来不孕，原本想要宝宝的他们心情坏透了，整天郁郁寡欢的丈夫又在一次交通意外中丧命。一段时间下来，袁小姐早已心力交瘁，但她还是坚持努力工作，并担任了几个小公司的兼职顾问，虽然很劳累、很操心，甚至很压抑，但是她从来不曾流过一滴泪，朋友都夸袁小姐是个女汉子！

后来，袁小姐感觉自己的头总是很疼，吃了一些头疼药也无济于事，朋友于是推荐她去求助一位心理医生。心理医生告诉她，她内心的悲痛压抑太久了，如果想哭，就哭出来。在医生的建议下，她将很久以来心中的苦楚全部以泪水的形式宣泄了出来，整个人也轻松了很多。

长时间以来，人们都认为，哭会对人的健康有害。然而新近科学家们的实验与研究却给了我们一个迥然不同的结论：哭对缓解情绪压力是有益的。

心理学家克皮尔曾经对137个人进行调查，并将这些人分成健康和患病两个组。患病组内的人患的都是与精神因素有密切关系的病——溃疡病和结肠炎。调查发现，健康组哭的次数比患病组较多，而且哭后自我感觉较之哭前好了许多。

接下来，克皮尔继续研究，他发现，人们在情绪压抑时，会产生一种活性物质，这种物质是对人体有害的，而哭泣会让这些活性物质随着泪水排出体外，有效地降低了有害物质的浓度，缓解了紧张情绪。有研究表明，人在哭泣时，其情绪强度一般会降低40%。这解释了为什么哭后感觉比哭前要好了许多。

美国生物化学家费雷认为，人在悲伤时不哭有害健康，属于是慢性影响。他的调查发现，长期不哭的人，患病率比哭的人高一倍。

为此，我们可以得出完全肯定的一个答案：哭是有益健康的。由情绪、情感变化而引起的哭泣是机体的正常反应，我们不必克制，尤其是心情抑郁时，也不可故作坚强、强忍泪水，那样只会加重自己心理的负担，甚至会憋出病来。这些负面情绪会让人的神经高度紧张，而当这种紧张被长期压抑而得不到释放时，便会集聚起来，最终导致神经系统紊乱，久而久之，会造成身心健康的损害，促成某些疾病的发生与恶化。而哭泣则能提供一种释放能量、缓解心理紧张、解除情绪压力的发泄途径，从而有效地避免或减少了此类疾病的发生和发展。

总之，每个年轻女孩，你应该看到哭泣的正面作用，它是一种常见的情绪反应，对人的身心能起到有效地保护作用。因此，当你遇到某种突如其来的打击而不知所措时，不妨先大哭一场，不要害怕别人的眼光，哭没什么见不得人的。

情绪调控法：

女孩，当你遭到突如其来的灾祸，精神受到打击心里不能承受时，可以在适当的场合放声大哭。这是一种积极有效的排遣紧张、烦恼、郁闷、痛苦情绪的方法。

第10章

将嫉妒之气化为志气，拼搏出别样的天地

每个二十来岁的女孩，当你进入职场，也就开始了社会竞争，也就难免与周围的人比较，比较之下，就容易发现不如人的地方，也就产生了嫉妒之气。实际上，你没有必要嫉妒别人，也没必要羡慕别人。你要相信，只要你去做，你也可以的。和自己比较，不和别人争，就能为自己的每一次进步而开心。

每个女孩都要努力熄掉内心中烧的妒火

人与人相处,难免会相互比较,比较之下,就容易产生嫉妒之气。二十来岁更是争强好胜的年纪,每个年轻的女孩都要明白,嫉妒会毁坏友谊,损害人际关系,甚至毁灭了生活的安逸。美国著名心理学家布鲁纳曾经指出,好胜的内驱力可以激发人的成就欲望。但如果不能正确地认识竞争就会导致人们在相互的竞争中产生嫉妒心理。嫉妒过于强烈,任其发展,则会形成一种扭曲的心理:心胸狭窄,喜欢看到别人不如自己,并喜欢通过排挤他人来取得成功。有这样一则寓言故事:

有只鹰妒忌另一只比它飞得高的鹰,于是它对猎人说,你把它射下来吧。猎人说,好,你给根羽毛,我当成箭,好把那鹰射下来。于是妒忌的鹰就在自己的屁股上拔了根毛给猎人。但是那鹰飞得太高了,箭到半空就掉下来了。猎人说,你再给我你的羽毛,我再射一次。于是,妒忌的鹰又在自己的屁股上拔了根羽毛给猎人。当然,还是射不下来。一次又一次……最后,妒忌的鹰身上已经没有羽毛可以拔了,也再飞不起来了。猎人转向它说,那么我就抓你好了,于是就把这光秃秃的、妒忌的鹰抓走了。

看完这则寓言故事,女孩,可能你会嘲笑这只愚笨的鹰,但其实人类何尝不是如此呢?很多时候,一些人因为怒烧的妒火而做出了害人害己的事。

其实,嫉妒心理普遍存在人类社会中,你是否曾经有这种感觉,当你的朋友比你优秀、比你强时,会产生心理不平衡——“和她做朋友,感觉自己像个小丑一样,简直是她的附属品”呢?如果你的内心充满嫉妒,那么,这样的友谊,表面上相安无事,但你的内心已经开始有一块阴云笼罩着,一旦出现一些小事,就会一触即发,两人之间的友谊会消失得越来越快。实际上,绝对的公平并不存在,如果你不能清除这种不平衡心理,你就不能以一种轻松的心态去面对你的朋友。

面对嫉妒之气,女孩,你要结合自己的实际情况,找出克服嫉妒之气的对策,并有意识地提高自己的思想修养水平,为此,你可以这样做:

1. 自知之明,客观评价自己

当嫉妒心理萌发时,或是有一定表现时,如果你能冷静地分析自己的想法和行为,同时客观地评价一下自己,找出一定的差距和问题,也就能积极地调整自己的意识,控制动机和情绪了。

2. 发现别人的长处

以这样的心态面对比自己优秀的朋友,不仅能学会用客观的眼光看自己和对方,也能弥补自己的不足,这样,就不至于为一点小事钻牛角尖,还能交到帮助自己成长的真正朋友。

3. 友善又和谐地与人相处

对于二十来岁的你来说,人际交往在你的心理健康发展中非常重要。通过与人交往,你不仅能感受到关爱,还能通过他人的评价,及时地改正自己的不足,并且还能督促自己成长;同时,这对排解内心的嫉妒心理也非常有利。

4. 接纳自己和完善自己

任何人都不可能十全十美,当然也不会一无是处。二十来岁的女孩,容易因为能力、长相等问题产生自卑,因此,你有必要接纳自己并完善自己。所谓的接纳自己,就是既能看到自己的不足,又能看到自己的优点,然后继续发扬自己的优点,改正自己的缺点。当然,这里有一个关键点:你要相信自己是有价值的人,从而全力以赴地去实现自己的价值。

5. 快乐之药可以治疗嫉妒

你要善于从生活中寻找快乐,就正像嫉妒者随时随处为自己寻找痛苦一样。如果一个人总是想:比起别人可能得到的欢乐来,我的那一点快乐算得了什么呢? 那么他就会永远陷于痛苦之中,陷于嫉妒之中。

6. 自我宣泄,是治疗嫉妒的特效药

嫉妒心理也是一种痛苦的心理,当还没有发展到严重程度时,用各种感情的宣泄来舒缓一下是相当必要的，可以说是一种顺坡下驴的好方式。你可以向好朋友或亲人，把心中的不快痛痛快快地说个够，暂求心理的平衡，然后由亲友适时地进行一番开导。

总之，嫉妒是一把利剑，这把利剑不仅可能会伤到别人，还会伤害自己。它刺向自己的心灵深处，伤害的是自己的快乐和幸福。

情绪调控法：

“人比人，气死人”，女孩，在没有原则、没有意义的盲目比较中导致心理失衡就会引发嫉妒之气，而如果你能放下比较给你带来的枷锁，活出不一样的自我，那么，快乐就会如影随形。

与其嫉妒，不如努力向前

美国著名心理学家布鲁纳曾经指出，好胜的内驱力可以激发人的成就欲望，但不注意引导就会导致人们在相互的竞争中产生嫉妒心理。

所以，任何一个二十来岁的女孩，你应该学会正确地看待他人的优点和成绩，应该学会赶超，但千万别嫉妒。

有这样一则寓言故事：

古时候有个陶匠，他非常妒忌油刷匠。于是他去跟皇帝说：“请皇帝让油刷匠把大象洗干净吧，他可以洗成白色的。”皇帝就让油刷匠去把大象洗成白色。油刷匠说：“我可以把大象洗成白色，但我需要一个大缸，好把大象放进去洗。”于是陶匠就不得不领命去做大缸。但是大象太重了，每当大象踏进那缸，缸就马上碎掉。于是陶匠一次又一次地做大缸，不停地做大缸……

的确，对于那些初入社会和职场的女孩来说，她们已经有了压力，开始明白了竞争的重要性，同时，也会不自觉地常常喜欢与他人作比较。但当发现自己在才能、体貌或家庭条件等方面不如别人时，就会产生一种羡慕、崇拜、奋力追赶的心情，这是上进心的表现。但同时，因为现在的你尚未熟，对自己各方面能力还认识不足，遇上比自己能力强的人时就会感到不安，很容易产生嫉妒心理。嫉妒是对才能、成就、地位以及条件和机遇等方面比自己好的人，产生的一种怨恨和愤怒相交织的复合情绪，即通常所说的“红眼病”。

黑格尔曾经说过：有嫉妒心理的人，自己不能完成伟大的事业，且尽量低估他人的强大，通过贬低他人而使自己与之相齐。由此可以看出，嫉妒是一种不良的心理状态，对一个人的成长同样是极为不利的。

好胜心过强导致的嫉妒是阻碍女孩身心发展的坏心态之一，坏心态则包括消极、悲观、自卑、浮躁、骄傲、自大、贪婪、偏执、嫉妒、仇恨等。女孩产生好胜心理的原因是多样的，但归纳起来，主要是内部的消极因素和外部环境的消极因素相互影响、相互作用而产生的，如在竞争中受挫；因领导表扬他人；因自己家境贫寒等。

要克服嫉妒之气，女孩，你需要遵循以下两个步骤：

1. 认识到嫉妒心理的危害

人与人相处，难免会相互比较，比较之下，就容易产生嫉妒心理。日本《广辞苑》为嫉妒下的定义是：“嫉妒是在看到他人的卓越之处以后产生的羡慕、烦恼和痛苦。”要知道，嫉妒之心会毁坏友谊，损害人际关系，甚至毁灭了生活的安逸。

2. 努力克服嫉妒心理

具体来说，你应该做到以下几点：

(1)努力学习是获胜的基础。要想在竞争中获胜，必须通过自己努力学习，掌握比别人更过硬的本领。

(2)承认差异，奋进努力。现实中的人必然是有差异的，不是表现在这方面，就是表现在那方面。一个人承认差异就是承认现实，要使自己在某方面好起来，只有靠自己奋进努力，嫉妒于事无补，而且会影响自己的奋斗精神。

(3)拓宽自己的心胸。好胜是个人心理结构中“我”的位置过于膨胀的具体表现，总怕别人比自己强，对自己不利。只有驱除私心杂念，拓宽自己的心胸，才能正确地看待别人，悦纳自己，即常说的“心底无私天地宽”。

(4)形成正确的自我认识。二十来岁是逐渐成熟的阶段，应该学会全面地看问题。因此，你要学会对自己和他人进行正确的评价，“金无足赤，人无完人”，每个人都有自己的长处，也有自己的不足。

(5)充实自己的生活。如果工作、生活的节奏很紧张，生活过得很充实，很有意义，你就不会把注意力局限在嫉妒他人身上。因此，你应该学会充实生活，多参加一些有意义的活动，转移注意力，把精力放在学习和其他有意义的事情上。

情绪调控法：

任何一个容易嫉妒的女孩，只有找到自己产生嫉妒心的原因，并鼓励自己努力奋进，才能有针对性地克服嫉妒心理，从而拥有一副好心态。好的心态就恰似一把金钥匙，在你的成长过程中打开“自我宝藏”的大门。

爱慕虚荣只会让你掉进无底深渊

人人都有自尊心，然而，当自尊心受到损害或威胁时，或过分自尊时，就可能产生虚荣心。对于每个二十来岁的女孩来说，初入社会的你，难免会接受到一些新鲜的人和事，但无论如何，你一定要克服虚荣心，让自己始终拥有好情绪；否则，在成熟的过程中你就可能因为虚荣而发生价值观和人生观的扭曲，甚至通过炫耀、显示、卖弄等不正当的手段来获取荣誉与地位。这样的人往往是华而不实、浮躁的，在物质上讲排场、搞攀比；在社交上好出风头；在人格上很自负、嫉妒心重；在学习上不刻苦。相信很多女孩都读过法国作家福楼拜的代表作《包法利夫人》。

主人公是一个叫爱玛的女人。

她出生在一个富裕的家庭，她的父亲曾把她送到专门的贵族学校读书，爱玛也因此喜欢读一些浪漫派的文学作品。在爱玛生活的那个年代，现实是那么残酷，但爱玛却总是沉浸在自己的思绪中，并一直过着极其虚构的奢华生活。

后来，爱玛嫁给了包法利医生，但是，医生的收入并不像那些富翁一样，包法利先生甚至是收入微薄，根本无法满足爱玛的物质需求，再加上他的其貌不扬，为此，爱玛十分讨厌他。再后来，爱玛生了孩子，但她依然没有看清事实，她总是一味地、执迷不悟地贪图享乐，爱慕虚荣，竭尽全力地满足自己的私欲，梦想着能够过上贵妇的生活。

为了追求浪漫的爱情，寻找她心中真正的白马王子，第一次，爱玛被罗多尔夫勾引，结果被欺骗了。第二次，她又与莱昂暗中私通，中了商人勒乐的圈套，最终导致负债累累，不得不服毒自尽。

在这篇小说中，福楼拜批判了爱玛爱慕虚荣的本性，也深刻地批判了社会的畸形。这种批判引人深思，让人警醒。

其实，现代社会，一些女孩也有虚荣心，她们喜欢与周围的同事、朋友攀比。有些女孩花钱如流水，生活奢侈。她们认为：不管要花多少钱，别人有的，我也要买，绝对不能输给别人。不合口味的食物、不满意的衣服，就算是刚买的，也会毫不客气地扔掉，浪费的现象更是比比皆是。这种攀比、爱慕虚荣、追赶流行的心理自然让女孩之间产生了所谓的“人情”，即靠金钱和物质来维持交往的友谊。很明显，人以群分，有相同心理的女孩会聚在一起，形成一个朋友圈，这就导致了很多孩子的“社会隔离型”性格，交不到真正的朋友。

当然，年轻女性虚荣心的形成有多方面的原因，其中多半和不良的花钱习惯有关。现在人们的生活水平越来越高，在女孩的读书时代，父母给她们的零花钱也越来越多，从最初的几元到现在的几十、上百元。而很多女孩上大学后，父母怕她们离开家后吃不饱、穿不暖，零花钱更是有增无减。她们在父母的"默认"和"纵容"下养成了不良的消费习惯：花钱大手大脚、没有节制，想买什么就买什么，只知道有钱就花，花完了再向父母要，久而久之养成了大手大脚花钱的习惯，个人的金钱观偏离了正常的轨道。再任其发展下去，就可能会逐渐迷失自己，成为一个爱慕虚荣的人。

心理学家指出，任何一个人，不加以控制虚荣心理的话，轻则会影响心理健康，严重的甚至会让人们产生心理疾病。而只有做到少一些比较，才能多一些开怀。

年轻的女孩，如果你有虚荣心，那么，你最好做自己的心理医生，从以下几个方面做好心理调节：

1. 完善自己

一个人如果明白只有完善自己才能逐步提高的道理，也就能转移视线，不仅找到了努力的动力，也会豁然开朗。

2. 尽可能地纵向比较，减少盲目地横向比较

横向比较指的是将自己与他人比；而纵向比较指的是将昨天的自己和今天的自己比，找到自己长期的发展变化，以进步的心态鼓励自己，从而建立希望体系，帮助个体树立坚定的信心。

3. 正确认识荣誉

通常情况下，虚荣的人都很爱面子，希望得到别人的肯定和赞扬，希望每一个人都羡慕自己。要避免形成爱慕虚荣的性格，你就必须以正确的心态面对荣誉。每个人都应该争取荣誉，这是激励自己前进的动力，但决不能以获得面子为目的。许多事实证明，仅仅为了获取荣誉而工作的人，荣誉往往与他无缘。倒是不图虚荣浮利的人，常常会"无心插柳柳成荫"，于不知不觉中获得荣誉。也就是说，只要你脚踏实地地做好本职工作，淡化名利，荣

誉自然会光顾你。

4. 脚踏实地

脚踏实地的人懂得通过自己的双手和劳动来获得物质和财富，这样的人才是最可爱的、令人敬佩的。

情绪调控法：

虚荣心本身说不上是一种恶行，但不少恶行都围绕着虚荣心而产生。这种心理如同毒菌一样，消磨人的斗志，戕害人的心灵。为此，任何一个女孩都必须做到防微杜渐，不要让虚荣心滋生。

女孩学会用欣赏代替对他人的嫉妒

女人是爱比较的动物，也更容易有嫉妒心理。对于任何一个刚踏入职场的女孩来说，她们也更容易对那些比自己能力突出、学习好或者长相可人的人产生嫉妒的情绪，但妒火只会让你陷入自生自气的情绪中，对你的成长和历练毫无益处。而如果你能学会用欣赏的眼光看待他人，就能避免因嫉妒而产生紧张的人际关系，也能帮助你找到自身的不足，进而不断提升自己。

古时候，有个叫刘伯玉的人，他的妻子段氏是个典型的妒妇。一次，刘伯玉在看完曹植的《洛神赋》后，不禁赞扬洛神之魅力，但没想到，段氏听到后，非常气愤地说："君何得以水神美而欲轻我？我死，何愁不为水神？"原本刘伯玉以为这只是气话，但谁知道，她真的投水了。后来，人们便把段氏投水的地方叫"妒妇津"，相传凡女子渡此津时均不敢盛妆，否则就会风波大作。

这个著名故事反映了生活中普遍存在着的嫉妒心理。

有个女人曾经向朋友抱怨"A 真讨厌，我从心底不喜欢他。"

朋友问她“你喜欢榴莲吗?”

“榴莲臭臭的,闻到就想吐。”

“那有人喜欢吃榴莲吗?”

“当然有,否则怎么会有卖的?”

“那你不喜欢榴莲是榴莲的错吗?”

“……”

“那你不喜欢 A,是 A 的错吗?”

这只是一个小故事,但却告诉我们,对他人的态度如何,多半取决于我们的态度。

生活中,一些女孩在看到别人得到荣誉、好处或利益时,表面上也许会说些赞美的话,但是内心却不服气;也有些女孩会对他人的成就抱持“没什么了不起”的想法,这种微妙的心理状态就是嫉妒。嫉妒普遍存于人性之中,即使再有修养的人,还是会有嫉妒心理,只是程度深浅不同而已。

嫉妒心会让人迷惑,丧失看清自己的机会,也会使得好事多磨,产生很多阻碍,这和自私自利、争名夺利的情况很类似——自己得不到的,别人也休想得到。例如,有一位女士拼命追求一位男士,但这位男士已经有女朋友,所以始终没有回应。这位女士追求不成,便想破坏他所拥有的幸福,像这种报复的心态就是嫉妒所造成的。又例如,原本可以心情愉快地做事,却因为心理作祟,一想到自己所嫉妒的人,心里便浮现许多批判的字眼,使自己烦恼不已,以至于什么事都做不下去,久而久之,这种情绪便会累积转化成怨气。

人与人之间的能力差异是客观存在的,正是由于这种差异的存在,才有了伟大和平凡之分。只有学会用欣赏的眼光看待他人的长处,才能帮助我们正确认识自己,提高自己,才能从嫉妒和怨天尤人的陷阱中脱身出来,

可见,生活中的女孩,如果你不懂得疏通自己的嫉妒情感,那既会损害到自己,又可能损害到被嫉妒者。对此,你要有一颗宽容的心,能够坦然接

受事实,承受他人的优点,并不断地努力,充实自己的才能,发挥自己的才干,才能得到属于自己的东西,才能找到人生的乐趣和生存价值。

除此之外,你还需要接受自己。任何人都不可能十全十美,当然也不会一无是处。因此,你有必要接纳自己并完善自己,你要相信自己是有价值的人,从而全力以赴地去实现自己的价值。

情绪调控法:

以欣赏的眼光看待周围的人,你不仅能学会用客观的眼光看自己和对方,也能弥补自己的不足,这样,就不至于为一点小事钻牛角尖,还能交到帮助自己成长的真正朋友。

学会与比自己杰出的人交往

人类社会,本身就是一个竞争性的社会,知识经济的到来,人们的竞争意识更为强烈。对于二十来岁的女孩来说,你也要树立竞争意识,但对于那些比自己优秀的人,你要克服嫉妒的情绪,而要学会与他们交往。要知道,正是因为有这些优秀者的存在,你才更具奋斗力和活力,才会有危机感,才会有竞争力。所谓“狭路相逢勇者胜”,正是由于他们,才使你认识到自己的不足,才使你认识到要发展自我。

西方有句名言“与优秀者为伍。”日本有位教授手岛佑郎,研究犹太人的财商,他得出的结论是:“穷,也要站在富人堆里。”他后来还以此作书名,写成了一本著名的畅销书。当然,结识有能力者,并不是让你趋炎附势,而是一种学习他们的能力的方法,更能被他们积极上进的精神鼓舞。

人的情绪和心态都是能相互影响的。女孩,与积极者交往,你也会变得阳光起来,会远离抱怨、自私、消极。然而,我们生活的周围,却到处充斥着这样一些人:他们只会责怪别人不好,只会责怪社会,你可以发现,他们中从来没有人会真正实现自己的梦想，因为这些人只顾着挑剔别人的缺点，却从来不关心、检讨自身的不足。对社会有诸多不满的人，不仅自己的人生前途黯淡，而且也会把这种不满的情绪传染给身边其他的朋友。相对而言，女孩，你有必要有意识地尽量远离这些人，就算他们有别的长处，但毫无疑问，他们还是会成为你人生经历中的毒药。事实上，对世界充满抱怨的人，几乎无法在社会上立足，就连有没有其他“长处”也值得怀疑。

如果你想像雄鹰一样翱翔天空，那你就要和群鹰一起飞翔，而不要与燕雀为伍；如果你想像野狼一样驰骋大地，那你就要和狼群一起奔跑，而不能与鹿羊同行。与积极上进的人为伍，你就会离成功越来越近。

因此，女孩，对于那些比自己优秀的人，你要学会调整自己的心态。为此，你需要做到以下几点：

1. 承认对方的能力，为对方叫好

相信有不少女孩看到自己取得成绩时会兴奋不已，希望有人为自己鼓掌。可是当身边人，包括你的对手取得成功的时候，你该怎样去面对呢？是嫉妒还是欣赏？是大声叫好还是不屑一顾？尤其是你平日与他相处得很紧张、很不快乐的人成功了，这时候，你为他鼓掌，会化解对方对你的不满和成见，改变他对你的态度，他会觉得你慷慨地付出自己的真诚，从此，他也会给予你支持。人都是这样，死结越拧越紧，活结虽复杂，却容易打开。

2. 尝试忘却痛苦

宽容就是忘却。人人都有痛苦，都有伤疤，动辄去揭，便添新创，旧痕新伤难愈合。忘记昨日的是非，忘记别人先前对自己的指责和谩骂，时间是良好的止痛剂。学会忘却，生活才有阳光，才有欢乐。

3. 关爱对方

你的关爱也会换来关爱，也会迎来朋友。有朋友的人生路上，才会有关爱和扶持，才不会有寂寞和孤独；有朋友的生活，才会少一点风雨，多一点温暖和阳光。

总之，与优秀者接触是人成长中的重要一课。与积极向上的人为伍，所思所想、所见所闻均积极乐观，可以受到积极心态感染，使思想开朗豁达，从而像他们一样积极地看问题，思考问题，形成正确的思维方式，养成良好的习惯！

情绪调控法：

优秀者的存在，并不仅仅是个威胁，在很多时候，它还是激励你进步的“伙伴”。新世纪的每一个女孩，如果你也能以这样的心态对待对手，那么，对手就不是你的敌人，而是你的朋友了。

良性比较让你不断进步

生活中，人们常说：“对比出结果。”每个二十来岁的女孩，如果你想获得自信和向上的人生态度，便可以通过对比的方法。当然，这种比较必须是正面的，否则，往往事与愿违。我们不难发现，那些有嫉妒之气的女孩在错误的比较中越陷越深，最后失去了快乐。

其实，手指各有长短，人与人更是自不相同，盲目攀比是人们不快乐的根源，也完全没有必要。

正确的比较不是将自己的短处与他人的长处进行相比，相反，你应该看到自己超过他人的部分，这种比较才能让你产生积极的心态。比如，困难重重前，如果你消极悲观，那么，任何一件小事都能让你痛苦万分；而如果你积极乐观，你会发现，还有很多比你还不幸的人。生活中的每一个女孩，每当你遇到困难时，不妨以此激励自己。

曾经有个人，他的一生总是多灾多难。

在他的前半生，也就是46岁以前，他的生活还是平平淡淡的。但46岁那年，他坐的飞机出事了，结果他全身65%以上的皮肤都被烧坏了。无奈之下，他必须进行植皮手术，但这项工程是浩大的，他不止一次被推进手术室，手术连续做了16次，像他说的那样，他的脸变成了一块彩色板。并且，他的手指也没有了，也瘫痪了，只能靠轮椅行动。可出乎意料的是，就在6个月后，这个巨人居然架驶飞机飞上了蓝天。

然而，命运对他的打击并没有结束。4年后，在一次飞行过程中，他所驾驶的飞机居然失控，然后摔回跑道，他的12块脊椎骨全部被压得粉碎，腰部以下永远瘫痪。

但即使这样，他也没被打败。当别人问他的感受时，他坚定地回答："在我还未瘫痪前，我能做1万种事，现在我只能做9000种，我还可以把注意力和目光放在能做的9000种事上。我的人生遭受过两次重大的挫折，所以，我只能选择不把挫折拿来当成自己放弃努力的借口。"

这位生活的强者，就是米契尔。正因为他永不放弃努力，最终成为一位百万富翁、公众演说家、企业家，还在政坛上获得一席之地。

看完这个故事，生活中的女孩，你是否会认为，米歇尔应该是世界上最不幸的了人？的确，一个经受过如此挫折和不幸的人都能成为生活的强者，你又有什么理由做不到呢？

可见，现在的你，不要为现在的遭遇就埋怨命运的不公，实际上，世界上还有很多比你更不幸的人。想想那些更不幸的人仍旧坚强地活着，你又为什么不能呢？为此，当你遇到困难时，你不妨告诉自己：

1. 活着就是一种幸福

你不妨想象一下，"5.12汶川大地震"和"4.14玉树地震"事件中，有多少人丧生！只要活着，其他什么挫折都不是挫折，什么困难都不是困难，上天给你这么好的眷顾，你应该不管碰到什么困难和挫折都要去积极面对，激情面对生活。

2. 过好当下，充实自己才是王道

你若想获得一个成功的人生，不仅要积累基础知识，更要修炼你的心性。心态改变命运，活好当下，全身心投入你现在的生活和工作才是基础。未来靠的是现在，现在做什么，怎样做，要达到什么目标，才能决定未来是怎样的。因此，你要记住，不要急功近利，努力、认真过好每一天，明日自然就会来到；如此持之以恒，五年、十年过去时就会结出硕果。

3. 做好自我暗示和心理调节，看到自己的优点

自我暗示又称自我肯定，这是一种调节心理的强有力的技巧，它可以在短时间内改变一个人对生活的态度，增强对事件的承受能力。

情绪调控法：

比较是一把双刃剑，人活于世，不可能不与他人比较。但女孩，你要学会正确比，只有这样，你才能看到自己的闪光点，才能获得自信。

第 11 章

与坏情绪战斗到底，应用不生气的暗示语

现实生活中，谁都有坏情绪，对于二十来岁的女孩来说也是如此。其实，对于负面情绪，除了自我控制、宣泄和转移外，你还可以通过自我暗示和肯定的方法来获得其正面能量。自我暗示与肯定，是一种良好的训练。因为这些肯定性信息能反馈到你的大脑中，产生你真正所盼望的自我改进与自我完善，从而会帮助你改善身心。

矫正坏心情的自我暗示方法

相信在生活中，不少女孩都会出现一些坏情绪，有时是因为她们遭受到一些打击，有时她们的坏情绪是莫名其妙的，甚至她们的人生正处在上升期，但她们似乎总是有很多烦心事，心情也会受到影响。据心理学家研究统计表明，这类女孩心情不好的主要原因并不是来自生活，而是来自自己的心态，这种心态是消极的，像一把大伞遮住了人们的心灵。因此她们就会觉得憋闷，心情自然不会好到哪里去。

曾经有个人怀疑自己得了癌症，吓得要死，每天食不知味，夜不能寐，焦躁不安，好像自己真的得了癌症一样。不到十天，她的体重就减了十几斤。后来去医院确诊，排除了癌症的可能，才知道是自己吓自己，身体也慢慢恢复了。

相反，另外一个人，他已经被医院确诊为结肠癌，但他好像完全没这回事似的，家人为他担心，他反倒劝慰家人，说人活一百岁也是一死，生死没什么。接下来，他开始和癌症打起了仗，他坚信“两军相遇勇者胜”，于是不断地进行自我暗示：“我肯定能战胜病魔，我肯定能好起来。”吃药时他念叨：“这药很好，吃了一定有效果”。走路时他想着：“生命在于运动”……这样长期坚持自我心理暗示，渐渐地这种暗示对身心产生了良好的作用，十多年来他不但病情稳定，而且症状消失，自己对身体的康复越来越充满信心。

美国新奥尔良的奥施德纳诊所做过统计，发现在连续求诊而入院的病人中，因情绪不好而致病者占 76%。这就告诉我们：情主沉浮，凡事往好的方面想，自然能战胜疾病。

所以，生活中，女孩，无论你遇到什么事，要想保持好心情，就要做到积极地自我暗示。所谓“自我暗示”，从心理学角度讲，就是个人通过语言、形象、想象等方式，对自身施加影响的心理过程。这种自我暗示，常常会于不知不觉之中对自己的意志以及生理状态产生影响。

自我暗示的方法有很多，你可以默念，也可以在心里暗示，或者大声说出来，甚至可以在纸上写下来，更可以歌唱或吟诵，但无论采取什么方法，都需要你坚持。如果你能每天进行十来分钟的练习，那么，就能消除你十多年来的消极思想习惯。

具体说来，你可以这样运用暗示法调整自己的情绪：

1. 要积极暗示自己

生活是千变万化的，悲欢离合，生老病死，天灾人祸，喜怒哀乐，都在所难免。生活中的不顺心事总是很多，这就需要你要学会调节自己的心态。怎样调节呢？最简单有效的做法——用积极的暗示替代消极的暗示。平时要养成积极暗示的习惯。

2. 告诉自己"总会有别的办法可以办到"

竞争激烈的市场中，每天都有公司成立，但每天也有公司停止运营，那些半路退出的人说："竞争太激烈了，还是退出保险些。"真正的关键在于他们遭遇障碍时，只想到失败，因此才会失败。

你如果认为困难无法解决，就会真的找不到出路。因此，你一定要拒绝"无能为力"的想法，告诉自己"总会有别的办法可以办到"。

人生就如同大海里的船舶，随时都可能经历风浪，没有不受伤的船，也没有不经历磨难的人生。女孩，无论你遇到什么，都不应该一味地怨天尤人和自暴自弃，而应该学会坚强，学会乐观，学会控制好情绪，更要会调整自己的心态。保持好精神，拥有好心情，才是至关重要的。

情绪调控法：

暗示是影响潜意识的一种最有效的方式。它超出人们自身的控制能力，指导着人们的心理、行为。暗示往往会使别人不自觉地按照一定的方式行动，或者不假思索地接受一定的意见和信念。

“歼灭”消极心态需要自我鼓励

二十来岁是人生的初始阶段，每个女孩都有可能在人生道路上遇到困难和挫折，人生起起落落也无法预料，但是有一点你一定要牢牢记住：积极乐观、永不绝望。当你遇到逆境或者不顺心的事时，千万不要忧郁沮丧，要鼓励自己，歼灭消极心态，而不要让痛苦占据你的心灵。

在古希腊神话中有这样一个故事：

有一个人叫西齐弗，一次，他因触犯了天庭之法，被惩罚到人间受苦。

天庭交代给他的任务是每天推一块石头上山。但他发现，每次他将石头推上山时，石头又会滚下来，接下来，他又得重复推石头的工作，每天周而复始，其实，这是天神想让他在“永无止境的失败”中遭受惩罚，以此来折磨他的心灵。

可是，西齐弗偏偏不吃这一套，他不认为这就是受苦受难的命运安排。他一心想，推石头上山是我的责任；至于石头是否滚下来，不是我的失败。因此，他的心中始终平静异常，从不丧失信心，从而始终不放弃自己的职责，每天都满怀希望。天神见折磨西齐弗心灵的企图无法奏效，只好放他回了天庭。

用这个故事对照现实生活，女孩们，可以得到有益的启示：“人必自助而后天助。”若连自己都不愿帮助自己，还会有谁帮助你呢？只要始终自我激励，相信自己是能行的，永不放弃追求，那么你就是命运的主人。因此，当你受挫时，一定要告诉自己：“摔倒了还要漂亮地爬起来。”

的确，任何一个人，都不可能永远处在心想事成之中，生活中既然有挫折、有烦恼，就会有消极的心态和情绪。一个心理成熟的人，不是没有消极情绪的人，而是善于调节和控制自己情绪的人。而自我激励，是用理智控制不良情绪的又一良好方法。恰当运用自我激励，可以给人精神动力。当一个人在困难面前或身处逆境时，自我激励能使其从困难和逆境造成的不良情绪中振作起来。

因此，可能不少女孩会产生疑问，如何才能具备积极的心态呢？其实，这完全在于你自身的选择。当坏心情降临时，你可以用某些哲理或某些名言安慰自己，鼓励自己同痛苦、逆境作斗争。自娱自乐，会使你的情绪好转。

比如，当你遇到了困难，正想放弃时，你可以告诉自己："我是最棒的，我一定能重新站起来。""别发火，发火会伤身体"。

另外，语言也是激励自己最好的工具，语言是影响情绪的强有力工具。如你悲伤时，朗诵滑稽的语句，可以消除悲伤。

当然，要想最终获得积极的情绪，还需要你的努力。可能你也不得不承认，人与人在很多方面的差距是与生俱来的，比如长相、身材、家境等，但是，通过后天的努力，你依然可以改变很多，比如个人能力、阅历。生活中，一些人面对与他人的差距，会怨天尤人，但抱怨并不能改变这种差距。要缩小这种差距，甚至超越他人，你就必须挖掘自己内心的力量——自信，设置与把握正确的人生目标，以及运用这些能量向着你所设定的目标努力，并采取一些具体的行为。而也只有这样，才能达到一种心理平衡。但这不仅仅是一种心理平衡，在富有耐心而坚毅的努力过程中，你将逐渐显示自己的优势，超过别人，超过那些你以前自以为不如他（她）的那些人。

总之，女孩，无论你遇到什么事，都不要让消极心态有机可乘，要拒绝受控。一旦看到被消极心态袭击时，得马上自我保护，提醒自己它只不过是借软弱打倒理性的纯粹思维惯性而已，你便能歼灭那些消极心态了。

情绪调控法：

处于消极情绪中的女孩们，要获得期望，他人的激励是一个方面，而最重要的是你需要从心底发出积极向上的声音。你只有相信自己，进行积极的自我暗示，才能始终拥有向上的热情和奋斗的激情，才能最终看到成功的曙光。

女孩要学会“装”出好心情

人们的惯性思维是:人的情绪会导致某些行为,比如,生气时会骂人,高兴时会开怀大笑等。而实际上,行为也会导致情绪,比如,悲伤时会哭泣,但哭泣也会引发悲伤的情绪。心理学家提出了一个“假喜真干”的概念,意思就是,你假装自己喜欢做某件事,或从事某件工作,那么,你会真的喜欢起来。

曾经有报道说,日本人为了改变自己压抑的性格,从而有利于与外向的西方人打交道,他们采取了一种训练笑容的方法:他们在下班之前的半个小时里,会每人拿起一只筷子,横着咬在嘴里,固定好脸部表情后,将筷子取出。此时人的脸部基本维持一个笑容的状态,再发出声音,就像是在笑了。

这种看似荒谬的做法却是有科学依据的。心理学家普遍认为,除非人们能改变自己的情绪,否则通常不会改变行为。

其实,每个年轻的女孩,在生活中你也可能有这样的体会:当孩子哭泣时,我们会逗他们说:“笑一笑呀!”结果孩子勉强地笑了笑之后,跟着就真的开心起来了,这就很好地说明了情绪的改变将导致行为的改变。

美国著名教育家卡耐基提出:“假如你‘假装’对工作感兴趣,这态度往往就使你的兴趣变成真的。这种态度还能减少疲劳、紧张和忧虑。”

非蒂娜小姐是一位办公室文秘,她的工作就像人们所说的打杂的工作一样,除了要给经理倒咖啡、买早饭,还要处理一堆琐碎的文件,还得抄写和打字,虽然忙碌,但却枯燥无味,毫无技术含量,她常被累得精疲力竭。后来她想:“这是我的工作,单位对我也不错,我应该把这项工作搞得好一些。”于是,她决定假装喜欢这份令人讨厌的工作。可是一段时间以后,她居然发现自己真的喜欢上了这份工作。她发现,她的上司是个很和蔼的人,每天和他一起相处很自在,为他效劳她也很乐意。在处理那些文件时,她更加认真起来,为此,她曾经发现文件中一个数据问题,为公司避免了达数百万元的损失。因为这件事,她被提升了。现在,她总是经常超额完成任务,这种心态的改变所产生的力量,确实神妙无比。

从非蒂娜的工作体验中,我们发现,人的情绪是可以由行为引发的。根据这种观点。人可以通过控制行为的方式来控制自己的情绪。

可能一些女孩会问,该如何“伪装”出好心情呢?

最常见的一个办法即是,当你在生气的时候,可以找一面镜子,对着镜子努力做出笑容来,持续几分钟之后,你的心情果真会变得好起来。这种方法叫做“假笑疗法”。

实验证明,这种方法很有效果。每天早上,如果你能先假笑,那么,接下来的一整天,你都会有好心情。我们来看看世界最杰出的十大推销大师之一的日本销售员原一平是如何练习微笑的:

他曾在日本保险界连续15年获得全年的销售冠军,而他成功的杀手锏之一就是“微笑”。他掌握了38种微笑,为了征服一个顾客,曾经使用了30种微笑。

有一段时间,他练习太入迷,因为在路上练习大笑,而被路人误认为神经有问题。他甚至睡觉都常常会“笑”醒,并跑到镜子前去练习。“噢,你看,这种表情正确吗?”他问来到他身旁的妻子。“喂,你有没有搞错!深更半夜爬起来干什么?”“嘘,没什么。”他继续练习。“喏,这个样子好像就对了。”“哎哟,太难看了吧!”“别乱说。现在好些了吗?”“哦,是好看些了。”“这就是痛快的笑啊。”

经过长期的练习,他掌握了38种笑:逗对方转怒为喜的笑,安慰对方的笑,岔开对方话题的笑,消除对方压力的笑,重新修好时的笑,两人意见一致时的笑,吃惊之余的笑,挑战性的笑,大方的笑,含蓄的笑,假装糊涂的笑,心照不宣的笑,遭人拒绝时的苦笑,压抑辛酸的笑,无聊时的笑,郁郁寡欢时的笑,热情的笑,自认倒霉的笑,使对方放心的笑……他的笑达到了炉火纯青的地步，他可以针对不同的客户，展现不同的笑容。他用微笑表现出不同的情感反应，用自己的微笑让对方露出笑容。

其实，世界上最伟大的推销员乔·吉拉德也曾说："当你笑时，整个世界都在笑。"实际上，微笑给你带来的，不仅仅是良好的人际关系和顺心的工作状态，更重要的是，你在训练微笑的过程中，获得了一份好心情，有了好心情，自然万事如意了。

情绪调控法：

女孩，当你烦恼时，不妨"装"出一份好心情，多回忆曾经愉快的时光，用微笑来激励自己。正如英国小说家艾略特所说："行为可以改变人生，正如人生应该决定行为一样。"

对生活始终保持热情，就能看到生机

有人说，生命就像一次旅行，在这段旅行中，我们会遇到艰难险阻，会遇到暴风骤雨，会遇到阳光灿烂，会邂逅美丽风景，会遭遇荆棘丛生。但无论如何，只要我们对自己的心灵有约，就会以全身心拥抱生命，即使饱经风霜，我们依然对生命充满热情，感悟生命中的点点滴滴；更能感受到生命之旅中，那些沉重的雨点击打时所带来的震撼和激情。的确，阳光落下了还有明天；鲜花落下了还有果实；青春落下了还有金秋。只要你能驾驶，帆落了还有桨；只要心中充满希望，月亮落下了，还会升起太阳。

生活中，每个二十来岁的女孩，都要积极向上，始终对生活充满热情，那么，你的旅途就会时时处处生长着绿意和生机。

有这样一个年轻人，他认为自己已经看破红尘，于是，他什么都没干，每天只是懒洋洋地躺在树底下。

有一个智者见到此景，想开导他，于是就问他："年轻人，你这么年纪轻轻的，怎么不去工作、赚钱？”

年轻人说：“没意思，赚了钱还是要花掉。”

智者又问：“你怎么不结婚？”

年轻人说：“没意思，现在多少离婚的？”

智者说：“你怎么不交一些朋友？”

年轻人说：“没意思，交了朋友弄不好会反目成仇。”

智者给年轻人一根绳子说：“那这样吧，你干脆用它了结生命吧，反正也得死，还不如现在死了算了。”

年轻人说：“我不想死。”

智者于是说：“生命是一个过程，不是一个结果。”年轻人幡然醒悟。

这就叫“一句话点醒梦中人”。一个年纪轻轻的人，却变得老态龙钟，什么都不愿尝试，对生活失去热情，这样，生命还有什么意义呢？

那么，生活中的女孩，你是否也是如此呢？安诺德曾说：“世界上最糟糕的事，莫过于人类丧失了他的热情。只要仍保有热情，即使失去了一切，他仍旧能够东山再起。”热情的原意，是“神在其中”，我们原都拥有它，而我们应该做的，便是使它重燃再现。

曾经有一位演说家，他很会鼓舞人心。

一次，他到一家大型公司为员工们演讲。但就在他即将飞往这家公司时，飞机却出现了一些故障，不得不停飞。后来，他辗转其他航线，终于赶到会场。为此，主持人不得不打乱演讲人的顺序，但主持人极为不明白的是，这位演说家却在后台不断地跳上跳下，还一直捶打自己的胸膛。午饭时间，主持人与演说家一起用餐，他说：“你知道吗？你简直快把我吓坏了，你出场前在后台究竟做什么呀？”演说家回答说：“激励他人是我的工作，而且，我每天都在做。但在某些日子里，我实在打不起劲儿来，就像今天。我在后台只是‘做出’热情的样子，然后我就会变得热情有劲了。”

从这个例子中，女孩，你可以学到很重要的一点：每天都充满热情，不但自己受益，还能感染他人。

生命是一个过程，不是一个结果。生命是一个括号，左边括号是出生，右边括号是死亡，我们要做的事情就是填括号，要争取用精彩的生活、良好的心情把括号填满。

怎么享受生命这个过程呢？把注意力放在积极的事情上。生命如同旅游，记忆如同摄像，注意决定选择，选择决定内容。

因此，女孩，每天清晨，当你起床后，都应该给予自己积极的心理暗示。如果你在内心告诉自己，我是健康的、积极的，那么，你就会健康、积极起来；假装热情，你也就会变得热情起来。然后照照镜子，给自己一个微笑，永远用你漂亮的面容，温暖而热情地对待你的家人。别忘了，是你主宰了你的家庭生活，你可以让每一天都光辉灿烂，也可以让每一天都阴暗忧郁。

情绪调控法：

无论你经历过什么，从今天起，都要做个简单的人，踏实务实，不沉溺幻想，不庸人自扰。要快乐，要开朗，要坚韧，要温暖，永远对生活充满希望，对于困境与磨难，微笑面对。

助你挣脱低落情绪的暗示方法

有哲人说："你的心态就是你真正的主人"。一位伟人说："要么你去驾驭生命，要么是生命驾驭你。你的心态决定谁是坐骑，谁是骑师"。一位艺术家说："你不能延长生命的长度，但你可以扩展它的宽度；你不能改变天气，但你可以左右自己的心情；你不可以控制环境，但你可以调整自己的心态。"佛说：物随心转，境由心造，烦恼皆由心生。狄更斯说：一个健全的心态比一百种智慧更有力量。爱默生说：一个朝着自己目标永远前进的人，整个世界都给他让路……这些话虽然简单却经典、精辟，一个人有什么样的情绪、精神状态，就会产生什么样的生活现实，这是毋庸置疑的。

任何一个年轻的女孩，在追求人生理想的过程中，若能拥有一个好的心态，你必能战胜面临的困难。人类几千年的文明史告诉我们，积极的心态能帮助我们获取健康、幸福和财富。当然，你的心情可能会因为周围发生的事而受到影响，当遇到不幸或者不快的事情时，心情还会因此低落。但无论遇到什么，你都要反复暗示自己，不要被低落的情绪控制。

因此，任何一个对未来怀揣梦想的女孩，都应当从这些失败与成功者的身上看到信心的力量，并让其指导你轻松应对在学习和生活中遇到的困难。

有一位22岁的年轻人自从大学毕业后，一直找不到工作。尽管他有一所英国名牌大学新闻专业的文凭，但在竞争激烈的人才市场上，他却四处碰壁。

为了求职，他从英国本土的地方，一直寻寻觅觅到首都伦敦，最后他走进了世界著名的《泰晤士报》的编辑部。

“请问你们需要编辑吗？”他十分恭敬地问。

对方看了看貌不惊人的他，说“不要。”

他又问：“那需要记者吗？”

“也不要。”对方回答说。

“那么，排字工、校对呢？”他毫不气馁。

“都不要！”对方显然已经不耐烦了。

他却微微一笑，从包里掏出一块制作精致的告示牌，交给对方，说：“那您肯定需要这块告示牌！”

对方一看，上面写了这样一句话：“额满，暂不雇用。”

他的举动让报社的人忍俊不禁。一位主管很认真地在一旁观察他，发现他并不是在调侃报社，而一脸的真诚。主管被他的认真和顽强行动所打动，结果录用了他，把他安排到对外宣传部工作。

20年后，他在这家英国王牌大报的职位是：总编。他就是生蒙，一位资深且有着坚忍毅力和良好人格魅力的新闻工作者。

我们看到,一个成功的竞争者,除了要具备一定的知识和各方面的才能外,还必须有健康的心理素质,尤其是乐观向上的、积极的态度。

然而,生活中,一些女孩,在工作中遇到一点困难或者不顺心的事,就变得消极、悲观,甚至一蹶不振,其实,并不是困难打败了你,而是你自己打败了自己。你应反复暗示自己,困境是另一种希望的开始,它往往预示着明天的好运气。因此,你只要放松自己,告诉自己希望是无所不在的,再大的困难也会变得渺小。这样,你也就能挣脱低落情绪了。

美国亿万富翁、工业家卡耐基说过:"一个对自己的内心有完全支配能力的人,对他自己有权获得的任何其他东西也会有支配能力。"当你开始运用积极的心态并把自己看成成功者时,你就开始成功了。

那么,你该如何暗示自己摆脱低落情绪呢?

1. 摒除那些消极的习惯用语

这些消极的习惯用语一般有:

"我好无助!"

"我该怎么办?"

"我真累坏了"

……

相反,我们可以这样说来激励自己:

"忙了一天,现在心情真轻松!"

"上帝,考验我吧!"

"我就不信我战胜不了你!"

2. 有意接收积极信息

每天早上,当你起床后,就要接触那些积极的信息,如果可能的话,和一位积极心态者共进早餐或午餐。不要去看早上的电视新闻,你只要浏览一下当天报纸上的几条重要新闻即可,这几条新闻足以让你了解当今世界的重大新闻。你可以多关心一些与你的工作和生活有关的当地新闻,而对于那些惨案类的新闻,你要管住自己的眼睛,不要在早上去阅读它们。在开车或者坐车去上班的路途中,你也可以听一些愉快的音乐……而晚上,你不要花大量时间去玩网络游戏、看电视等,你应该多陪陪你的爱人和孩子,向他们讲讲当天的趣事。

当你情绪低落时,你可以放下手中的工作和繁琐的生活,去你所在城市的医院、养老院、孤儿院看看,这样,你会发现,比你不幸的人太多了。如果你的情绪仍不能平静,就积极地去和这些人接触;和孩子们一起散步游戏,把自己的情绪,转移到帮助别人身上,并重建自己的信心。通常只要改变环境,就能改变自己的心态和感情。

情绪调控法:

始终乐观的女孩,并不是因为她们没有消极情绪,她们常常也会心情低落,但她们善于调适自己的心情。只要是抱着乐观主义,必定是个实事求是的现实主义者。而这两种心态,是解决问题的孪生子!

色彩对于人的情绪的暗示作用

女孩天生对色彩就更敏感,生活中的每个年轻女孩,在你还未记事起,应该就已经学会用画笔来描绘周围的世界。的确,每天我们都会接触很多色彩,这些色彩或明亮或晦暗,世界万物因拥有各种色彩而变得缤纷绚丽,画家们也一直在用他们自己对色彩的理解来诠释这个世界。而现实生活中,色彩也在有意无意影响着人们的情绪。

在英国伦敦,有座著名的菲里埃大桥,这座大桥的桥身是黑色的。说来奇怪,自从这座大桥建成后,每年就有很多人在这里跳水自尽。后来,这些自杀的人的数量惊人,这一现象引起了伦敦皇家科学院的科研人员的重视,他们开始着手追查原因。科学院的医学专家普里森博士提出这与桥身是黑色有关时,不少人还将他的提议当作笑料来议论。

在连续三年都没找出好办法的无奈情况下,英国政府接受建议,试着将黑色的桥身换掉,这下奇迹竟发生了:桥身自从改为蓝色后,跳桥自杀的人数当年减少了56.4%。普里森为此而声誉大增。

这里,我们不难发现,黑色的桥身是造成那些自杀者心情更加抑郁的原因。可见,色彩对人们的心理活动有着重要影响。

心理学家埃卡特里娜·雷皮纳曾经这样说:"很多人还完全没有意识到颜色的神奇功能。"那么,颜色是怎样起到心理暗示作用的呢?

1. 白色

白色是一个纯净、没有任何杂质的色彩,于是白色也就象征着纯洁、神圣。

在现实生活中,喜欢白色的人,往往是一个比较追求完美的人,但又有实际的一面。这一类人内心比较寂寞,他们渴望引起别人的注意和关心,甚至爱慕。他们不太喜欢别人无端的客套,所以在不熟悉的人眼里,他们是让人既爱又怕的对象。

2. 黑色

黑色象征权威、高雅、低调、创意;也意味着执着、冷漠、防御。黑色为大多数主管或白领专业人士所喜爱。这一类人从表面上看可能会给人神秘、高贵以及专业的印象。但是,只要仔细观察,你就会发现,这一类人多是不善于社交的人,他们无非是用黑色来掩饰自己内心的紧张、不安、自卑或恐惧。他们喜欢用黑色来让自己显得更加的冷酷,以求在无形中给对方造成一定的心理压力。

3. 蓝色

在我们的日常生活中,蓝色是一种相当常见的服装色彩。喜欢这类颜色的人,一般比较喜欢宁静、自然。他们无忧无虑,善于控制感情,很有责任心；同时又富有见识，判断力强。这一类人的个性也比较固执，往往不达目的绝不会罢休。因为这个原因，他们往往也会固执己见，听不进旁人的意见。他们也不擅长交际，所以只能和志同道合的人进行小团体交流。

4. 红色

红色象征热情、性感、权威、自信，是个能量充沛的色彩。不过有时候会给人血腥、暴力、忌妒、控制的印象，容易造成心理压力，因此与人谈判或协商时则不宜穿红色；预期有火爆场面时，也请避免穿红色。当你想要在大型场合中展现自信与权威的时候，可以让红色单品助你一臂之力。

5. 粉色

粉色是红和白的结合，带有白和红的两种性格特点，可以说是感性与理性结合，知识与天真并存。喜爱粉色的人多是单纯天真的幻想家，有着纯洁如白纸般的心境，整天活在自己编织出来的世界里。他们比较感性，处世温和，常常想让自己呈现出年轻、有朝气的感觉，甚至希望在旁人眼中是个高贵的形象，散发着一股让人看到就很舒服的魅力，但却有强烈的逃避现实的倾向。

6. 黄色

黄色是一个心灵能量的颜色，它可以加速理想的实现，并能启发新的创意，但因为一般人不懂得如何挑选适合自己的黄色而给人一种愚蠢的印象。一个喜欢黄色的人，通常有着自己独特的见解和想法，富有高度的创作力及好奇心。他们心情欢畅，性格外向，精力充沛，做事自信、潇洒自如，说话也无所畏惧，不担心别人会怎么想。这类人具有冒险、追求刺激和新鲜的特征，无法忍受一成不变。

7. 绿色

绿色是生机盎然的色彩，它代表生命的诞生和延续。喜欢绿色的人个性谦虚平实，善于克制自己，不爱与人争论，心绪不易烦乱，很少有焦虑不安或忧愁之感。和善、可亲是这类人最大的特色，而且他们对于自己不喜欢的人也不会刻意地排斥或疏远。这类人道德感强烈，个性直爽，而且是聊天的理想对象。

另外，专家建议，当一个人心情不好时，最好选择穿一些色彩明亮的衣服。因为衣服的色彩也从很大程度上影响着人的情绪，也要注意适当的协调和搭配。作为女性，当你感到心情不愉快时，这时则可选择红色、玫瑰色、黄色和绿色等悦目的衣服来调节自己的情绪。

黄色给人温暖的感觉；蓝色让你摆脱烦躁的情绪，安静下来，遐想广阔的大海，心情也会像海一样宽广；而一身橙色的运动服，让你顿时阳光十足，充满活力。

总之，颜色是有其一定的暗示语言的，它不但能传递人的心理状态、意向、性格、爱好、兴趣及身份等多方面的信息，还能起到暗示他人心理的作用，掌握这种“语言”将会为你更加准确地暗示和影响对方增加一个更大的砝码。

情绪调控法：

人的第一感觉就是视觉，而对视觉影响最大的则是色彩。人的行为之所以受到色彩的影响，是因人的行为很多时候容易受情绪的支配。因此，女孩，当你心情不好时，可以通过色彩调节心情。

第 12 章

为什么总在焦虑不安，女孩内心要强大温暖

焦虑是人们常见的情绪，现在生活条件改善，人们不再为吃穿发愁，一旦社会适应能力减退，加上受到挫折，就容易诱发焦虑症。焦虑症有三个症状，即情绪焦虑、植物性神经功能失调和运动不安。生活中二十来岁的女孩，你大可不必为明天焦虑，事实上，很多时候，面对一些问题即使你再怎么琢磨，事情也还是会按照既定的轨道往前发展。既然你所忧虑的问题是你所无力改变的，那么，与其在无谓的焦虑中度过每一天，还不如坦然面对，快乐地度过每一天。

别让忧郁成为你的气质

对于每一个初入社会的女孩，可能都会感到前所未有的压力，也会遭受各种各样的挫折。面对挫折，也许你会感到生命已经毫无意义，但你需要记住的是，好运只会降临在那些积极阳光的女孩身上，无论何时，你都不要让忧郁成为你的气质。

生活中的女孩，如果你有如下三大主要症状：情绪低落、思维迟缓和运动抑制的时候，你一定要引起重视，这表明你抑郁了。抑郁会严重困扰患者的生活和工作，给家庭和社会带来沉重的负担，严重的还会导致抑郁症。抑郁症赶走了人们的积极情绪，使人们对周围的人丧失了爱。正如某个抑郁病人所说的："我感到自己是一个空壳。"约 15% 的抑郁症患者死于自杀。有个抑郁症痊愈者曾经这样陈述自己的经历：

有个女孩这样说："我从不认为自己很差，从整体上讲，我不认为自己很糟糕，但我觉得自己像'白开水'。我感觉自己既不是很可爱也不是不可爱，我觉得自己没有任何特别的地方。小时候，我常受到父母的忽视。他们从未虐待过我，也没有关注过我。由于生活中没有人在乎过我，这使我产生了空虚感。"

任何一个人，也包括那些二十来岁的女孩，如果你长期被抑郁的情绪控制的话，生活将会失去光彩。抑郁的表现形式各有不同，但具体来说，有以下表现：

(1)大部分时间感到沮丧或忧愁；

(2)缺乏活力，总是感到累；

(3)对以前喜欢做的事情缺乏兴趣；

(4)体重急剧增加或急剧下降；

(5)睡眠方式的巨大改变(不能入睡、长睡不醒，或很早起床)；

(6)有犯罪感或无用感；

(7)无法解释的疼痛(甚至身体上没有任何毛病)；

(8)悲观或漠然(对现在和将来的任何事情都毫不关心)；

(9)有死亡或自杀的想法。

那么，如果你正被抑郁情绪笼罩，你该怎样做呢?

1. 淡化抑郁情绪

要改变这种状态，重要的是认识到这是抑郁的自然反应。抑郁夺走了你的热情，不是你这个人缺乏热情，而是你所处的心理状态使然。一旦情绪改善，你的热情会自然复苏。但前提是，你要淡化情绪给自己带来的影响，你要告诉自己:抑郁是可以摆脱的。

2. 摆脱童年阴影

人类本身就是生活在一定的环境下的，任何一个人，不可能完全不受环境影响。在童年时期，人的心智、思想等方面还未成熟，一旦遭遇到某些不幸，比如虐待、失去双亲、受不到关爱等，就很容易导致人格缺陷、性格扭曲等，这也会对他们成人后的人生观、价值观等各个方面产生负面影响。

但是，凡事都是有两面性的，那些有童年阴影的人，其实完全可以把这些经历转化为人生宝贵的财富与体验。有研究说明，85%的成功者在童年都会遭遇不幸或磨练，比如美国总统林肯、女作家三毛等世界知名人士，他们都是经历过很多不幸的人，但是这些经历并不影响他们的健康发展，反而铸造了他们成为最伟大的人。

所以，无论遇到什么，都不能成为你消极处世的理由，最重要的是对待生活的态度和挫折承受力的培养。也许你认为自己是世界上最不幸的人，但实际上，并不是如此，别人可以从阴影中走出来，那么，你也可以。

应该如何走出童年的心理阴影呢?这需要一个过程，你需要先面对、再接纳、包容，然后才能超越。即使自己感觉有些愤怒、抑郁的情绪，也没有什么可怕的，保持健康快乐的心理状态，适当地释放工作和生活中的压力，并加强身体锻炼。

3. 塞翁失马,焉知非福

抑郁会让你陷入反思和内省,治愈后你可能会达到比以前更高的层次。所以,如果你抑郁了,不要认为自己是不幸的。

4. 制订目标,用自己的行为定义成功

你在定义成功的时候,尽量不要牵涉他人的行为。也就是说,哪怕是小小的进步,也值得高兴。比如,你很不喜欢与人交往,你约了下班后和小李一起喝咖啡。而这种想法是不对的,因为这个目标能否实现取决于小李是否接受你的邀请。你可以控制自己的行为,但不能控制别人的行为。你可以这样认为:下班后,邀请小李一起喝咖啡,只要你开口邀请过,那你就成功了。至于小李的反应,并不重要。邀请技巧是另外一个问题了。

再看以上几条原则,找出你的错误所在,加以改正。相信你一定会战胜抑郁,生活得多姿多彩。

情绪调控法:

即使心情抑郁了,你也不必担心,抑郁并不等同于精神分裂,你只要告诉自己:我的情绪感冒了,我的情绪现在正在发烧,还会打喷嚏,现在很痛苦,但只要吃点药就会好的。

远离悲观,不要压抑自己

有人说,这世界上存在两种人,划分的标准就是他们对待事物的态度,一种是乐观的人,一种是悲观的人。乐观者,他们的脸上总是挂着微笑,似乎没有事情能难倒他们,因此,他们生活得幸福、坦然;而悲观的人,他们似乎总是把眼光盯在事物坏的一面,于是,他们总是感到低迷,整日郁郁寡欢。有句话说得好:“乐观者在灾祸中看到机会,悲观者在机会中看到灾祸。”微笑看待人生，好运就不会远离。

人生短短数十载，困难和挫折都在所难免，每个人都不能预知未来，但可以以一颗坦然的心面对。只要做到积极乐观、永不绝望，就一定能度过逆境。

初入社会的女孩，你也应该学会在日常生活中培养自己乐观的精神，无论遇到什么事，都不要忧郁沮丧，无论你有多么痛苦，都不要整天沉溺于其中无法自拔，不要让痛苦占据你的心灵。

著名潜能开发大师迪翁常常用一句话来激励人们进行积极思考：“任何一个苦难与问题的背后，都有一个更大的幸福！”这是他的招牌话。他有个可爱的女儿，但一场意外让这个可爱的小女孩失去了小腿。当迪翁从韩国的演讲赛上赶到医院时，他第一次发现自己的口才不见了。可是女儿却察觉父亲的痛苦，笑着告诉他：“爸爸！你不是常说，任何一个苦难与问题的背后，都有一个更大的幸福吗？不要难过呀！这或许就是上帝给我的另一个幸福。”迪翁无奈又激动地说：“可是！你的脚……”

小女儿非常懂事地说：“爸爸放心，脚不行，我还有手可以用呀！”

听了这样的话，迪翁虽有几分心酸，可也欣慰不已。

两年后，小女孩升入中学了，她再度入选垒球队，成为该队有史以来最厉害的全垒打王！因为她的腿不能走路，就每天勤练打击，强化肌肉。她很清楚，如果不打全垒打，即使是深远的安打，都不见得可以安全上垒，所以唯一的把握，就是将球猛力击出底线之外！

这是一个乐观积极的小女孩，在最艰难的时刻，她留给人们的依然是微笑，因为她相信父亲的那句话“任何一个苦难与问题的背后，都有一个更大的幸福”，于是，灾难变得不再可怕，而她本人也更有能力面对那场艰难的挑战。

的确，乐观就像心灵的一片沃土，为人类所有的美德提供丰富的养分，使它们健康地成长。有一位虔诚的作家，在被人问到该如何抵抗诱惑时回答说:“首先,要有乐观的态度;其次,要有乐观的态度;最后,还是要有乐观的态度。”

不得不说,任何一个人,他的生活快乐与否,完全决定于个人对人、事、物的看法如何;因为,生活是由思想造成的。如果我们想的都是欢乐的念头,我们就能欢乐;如果我们想的都是悲伤的事情,我们就会悲伤。的确,人生在世,快乐的活着是一生,忧郁的活着也是一生,是选择快乐还是忧郁?这完全取决于做人的心态,正确的做法就是不断地培养自己乐观的心态,远离悲观。它既是一种生活艺术,又是一种养生之道。

生活中的女孩,在生活中,你也可能遇到某些困难,遇到某些不顺心的事,你可能会因此变得沮丧。其实,应告诉自己,困境是另一种希望的开始,它往往预示着明天的好运气。因此,你只要放松自己,告诉自己希望是无所不在的,再大的困难也会变得渺小。

情绪调控法:

一个乐观开朗的女孩,无论面对什么样的生活,都有能力重新开始,即使在地狱中,也能重新走入天堂。对于任何一个人来说,这是比什么都重要的财富。

积极思维,事情就没你想象得那么糟糕

中国人常说“因果联系”,的确,只有时时保持一种积极的人生态度,才有获取成功的希望。新时代的年轻女孩,初入社会的你,也只有始终保持积极阳光的心态,才能获得幸福的人生。无论你遇到多大的挫折,都必须勇于承担,用乐观积极的心态去面对,即使心里再苦,也要阳光地微笑。因为任何人的一生,都需要用心来描绘,无论自己处于多么严酷的境遇之中,心头都不应为悲观的思想所萦绕,应该让自己的心灵变得通达乐观。罗根·史

密斯说过这样一段话，“人生应该有两个目标，第一是，得到自己所想的东西；第二是，充分享受它。只有智者才能做到第二步。”

人与动物区别很大的部分在于人会复杂的思考。你只有积极思维，表现得自信满满，才可能突破眼前困境。事实上，很多时候，事情远没有你想象的那么糟糕。确实，你总是容易变得低落，那是因为你还没碰到最糟糕的事情。当你遇到挫折时，你想想这是不是最糟糕的？问问自己还有没有办法解决或缓解的方法？

女孩，你需要明白的是，一个成熟的人是有一定的承受挫折的能力的，无论前面是什么路，都应该勇敢地自己走下去。可能有的时候你会对灾祸和挫折心存侥幸，总是会想，概率这样小的事情，怎么会发生在我身上呢？但是纵使挫折发生的几率是百分之一，而这百分之一落在你的头上就是百分之百。有一位作家说：“顺利是偶尔的，挫折才是人生的常态。”人生的路上，避免不了遇到挫折，要想战胜挫折、赢得别人的尊重，就必须拥有一个积极的心态。

奶茶刘若英是很多年轻人喜欢的歌手，她是个典型的不以美貌成名的歌手和演员，她淡淡的气质和婉转的歌声都深入人心。可是，可能很少有人知道她在出道之前那段艰苦的日子。

那时候，她在一家小唱片公司做助理，一做就是三年，每天做的都是琐碎的工作，背吉他、买盒饭等杂活都要她做。

提到从前的事，刘若英感叹：“当时真的很辛苦，也常常身上没有半毛钱。”有一次下班时，已经是半夜了，她从包里找钱坐车，却发现连坐车的钱都没了，只好拿着银行卡去取钱，谁知道，第一次按五百元显示“余额不足”；第二次按一百元还是一样的命运，最后才发现自己的总财产只有九十七元。最艰难的时候，她竟然连吃盒饭的钱都没有了。可是奶茶说：“正是那些人生和事业的低谷，更让我懂得珍惜自己要面对的每一部戏和每一首歌。每一道伤痕都是我的一种骄傲。”

的确，每个人都会遇到挫折与失败以及不幸的经历，但以什么样的心态面对，不仅决定了他最终的成败与否，更决定了别人对他的看法。一个坚强、不屈服的人总是令人那么敬佩，不知不觉，我们会被其这种顽强的毅力所折服，刘若英就是这样的一个人。而如果你一遇到挫折与困难，不是躲避就是哭泣，这样的人是懦弱的，当别人“借给你肩膀依靠”或者安慰你时，也在心底产生了这样的想法：果然是一个不成熟的孩子，这么点挫折都受不了！

当然，在挫折和失败面前，女孩，你难免会产生一些情绪，但必须及时调整，用微笑的面孔重新迎接生活。具体说来，你可以这样做：

1. 换个角度思考挫折，寻找快乐之源

挫折和失败的确会让人丧失积极性，但同时，也是你成长路上的必经过程，挫折促使你成长，因此，从另一个角度思考，你应该感谢挫折。用这样的心态思考的话，你也就能摆正心态了。

2. 克服懦弱，提高修养

提高修养本身就是在克服懦弱的习气。当你遇到挫折和困难时，在不良的习气面前，你若能及时地克制住，那么这证明你本身就具备一种魄力，也只有这样，才能避免做出不理智的事来；而如果你不能自主地克制而迁就于它的话，就是懦弱。

3. 培养情商，积极进取

法国作家莫泊桑有一句名言：人是生活在希望中的。情商高的人有很高的上进心、进取心，有进取心总是对未来充满希望。充满希望，则对未来、对社会、对祖国、对民族、对单位、对自己、对家庭、对人生都充满希望。

总之，在困难和挫折面前，要坚强。你要把自己坚强的一面留给别人，即使心里再苦，也要阳光地微笑，“黯然神伤时，则所遇尽是祸；心情开朗时，则遍地都是宝”，如果你想获得幸福的话，就坚强一点吧！

情绪调控法：

乐观的心态总会引领着处在挫折中的人们逐渐走向光明。其实困难就是纸老虎，战胜它最好的办法就是藐视它，你越是看重它，它就越发地淘气捣乱让你不好过；你若是看轻它，不把它当回事，它也就不敢和你挑衅了。

因为年轻，女孩不必患得患失

初入社会的年轻女孩，不知你是否有这样的体会：失眠的晚上，会发现越想睡觉，却越发睡不着，越是想克制自己不去想任何事情，越无法停止思考；骑车在路上行走，看到前面有棵树，你告诉自己一定要绕过去，但还是莫名其妙地撞上去了……这就是患得患失的心态在起作用。患得患失，说到底，是没有好的心态，没有把得失利害看透，没有把个人的地位、名声、利益这些东西置之度外。也就是说，患得患失，就是为自己考虑过多。说到底，在于自己内心的那个“心魔”，这就是个人的得失，自己的利害。“心魔”缠绕，怎能不患得患失呢？所以说，要丢弃患得患失的种种计较，要把“怕”字换成一个“敢”字，把“拖”字换成一个“快”字，立即执行与实施。

对于二十来岁的女孩来说，因为年轻，你完全没有必要患得患失，思虑周全并不为过，但千万不能瞻前顾后，否则你连跨出第一步的勇气都没有。我们先来看下面的故事：

在美国，有个刚毕业的年轻人，在一次州内的体能筛选中，因为表现良好而被选中，成为一名军人。

在外人看来，这是一件值得庆幸的事，但他看起来却并不高兴。他的爷爷听说这个好消息后，便大老远从美国的另外一个地方来看他，看到孙子闷闷不乐的，就开导他说：“我的乖孙子，我知道你担心，其实真没什么可担心的，你到了陆战队，会遇到两个问题，要么是留在内勤部门，要么被分配到外勤部门。如果是内勤部门，那么，你就完全不用担忧了。”

年轻人接过爷爷的话说:“那要是我被分配到外勤部门呢?”

爷爷说:“同样,如果被分配到外勤部门,你也会遇到两个选择,要么是继续留在美国,要么是被分配到国外的军事基地。如果你被分配在美国本土,那没什么好担心的嘛。”

年轻人继续问:“那么,若是被分配到国外的基地呢?”

爷爷说:“那也还有两个可能,要么是被分配到崇尚和平的国家,要么是被分配到战火纷飞的海湾地区。如果把你分配到和平友好的国家,那也是值得庆幸的好事呀。”

年轻人又问:“爷爷,那要是我不幸被分配到海湾地区呢?”

爷爷说:“同样会有两种可能,要么是留在总部,要么是被派到前线去参加作战。如果你被分配到总部,那又有什么需要担心的呢!”

年轻人问:“那么,若是我不幸被派往前线作战呢?”

爷爷说:“同样,你会遇到两个选择,要么是安全归来,另一个是不幸负伤。假设你能安然无恙地回来,你还担心什么呢?”

年轻人问:“那倘若我受伤了呢?”

爷爷说:“那也有两个可能,要么是轻伤,要么是身受重伤、危及生命。如果只是受了一点轻伤,而对生命构不成威胁的话,你又何必担心呢?”

年轻人又问:“可万一要是身受重伤呢?”

爷爷说:“即使身受重伤,也会有两种可能性,要么是有活下来的机会,要么是完全无药可治了。如果尚能保全性命,还担心什么呢?”

年轻人再问:“那要是完全救治无效呢?”

爷爷听后哈哈大笑着说:“那你人都死了,还有什么可以担心的呢?”

是啊,这位爷爷说得:“人都死了,还有什么可担心的呢?”这是对人生的一种大彻大悟。有时候,你对某件事很担心,但只要你转念一想,最好的状况莫过于……以这样的心态面对,其实就没有什么可担心的了。

生活中,有不少如故事中的新兵一样易焦虑的女孩。令她们担心的事实在太多了：要是考试考不过该怎么办？找不到工作怎么办？明天下雨怎么办？……但如果你总是为这些事情担忧，那么，你势必会殚精竭虑了。其实大可不必，正如故事中的这位爷爷告诉我们的一样，凡事大不了有两种可能，哪一种可能都不能将你打垮，那么，你还有什么可担心的呢？

那么，你该怎样克服患得患失的心态呢？

1. 摘掉假面具

与人交往的时候，坦白自己的态度可以使自己和对方都觉得轻松自在；如果掩饰自己的感受，只会使气氛更紧张，并且使人看起来很虚伪。坦白是把双方距离拉近的有效方法。

2. 化焦虑为力量

你越是想成功，越是焦虑。此时，克服的方法是让紧张情绪反过来帮你的忙。心理学家称其为“积极性重构”，意即以不同观点来看问题——是从好处看，而不是从坏处看。当你对自己有信心，又具有表达自己感受的勇气时，你就能把自己的焦虑减轻，使之化为力量，从而坚强起来。

3. 专注事情本身，淡化焦虑

如果太注重成功或失败，结果往往会失败。只要你注重事物本身的特点及规律，专心致志地做好它，你就会收到意想不到的效果。

情绪调控法：

女孩，人生在世，很多事你控制不了，但你可以选择自己的心态。你还年轻，不必对某些事患得患失，以乐观、积极的心态面对，那么不好的机会也会成为好机会。

亲近朋友，赶走抑郁

有人说，人生如同一次征途，我们独步人生，难免会面对种种困难；困难面前，我们难免也会悲观失望，甚至看不到一点曙光。但如果我们能听到朋友们的鼓励和支持，就会重获力量，闯过难关。专家曾研究过，人际关系不好，性格孤僻或跋扈、有缺陷，容易导致抑郁症，抑郁又会进一步使人际关系恶化，这是一种恶性循环。

因此，每个渴望快乐的女孩，都绝不要孤芳自赏，而应该走进人群，淡化抑郁情绪。

小刘是一名品学兼优的学生，她马上就要硕士毕业了，但一直以来，她的心里都有解不开的结。毕业前，她终于向她多年的好友敞开了心扉。

"其实，以前我的人际关系很好，你也知道，包括现在，我的人际关系也很好，所以，一直比较乐观阳光，只是一件事，我为此痛苦过，自卑过，就是自己是乙肝病毒携带者，担心自己即使念到硕士，还是找不到工作。我是从山沟里走出来的，真怕父母失望。我一直认为，这病是我经过的最痛苦的事情了，没想到和另外一件事比，这根本不算什么。前些天，我们班的李继出车祸了，居然一夜之间成了残疾人。这时我才发现，自己比他幸福得多。能跟你把这些心里话说出来，我心里舒服多了。"

很多数据和事实一再说明了这样一个令人感到遗憾和痛心的现象：有心理障碍并想不开的人，大多数从来没有寻求过心理帮助。很多艺人之所以会选择自杀，就是因为他们有过多的心理压力而又不选择向朋友们倾诉。而且多数人还回避自己的心理问题，不去勇敢地正视和面对它，没有积极地进行规范治疗，结果导致悲剧事件屡屡发生。

每一个年轻女孩，都不能忽视抑郁这一问题，抑郁会赶走你的积极情绪，使你对周围的人丧失了爱。能否敞开心扉是抑郁症患者能否摆脱抑郁的关键。而抑郁症患者为什么很难做到这一点？因为他们有某种心灵上的顾忌，他们不愿意承认自己有抑郁症，更别说去积极主动地配合医生治疗。

很多抑郁者在患病后，会选择偷偷吃药而不会公开病情，就是因为他们对抑郁症的认识不足，将它误认为神经衰弱、精神分裂。而且有些人对抑郁症患者抱以冷眼或歧视，背后传播流言蜚语，让那些本已伤痕累累的心灵雪上加霜，不敢袒露自己的苦闷。

的确，了解抑郁，才能更有效地远离抑郁；越早去面对心理创伤，就会越早走出心理创伤的阴影。而摆脱抑郁，最重要的是与别人交流，敞开自己的心扉，才能找到病候，对症下药。因此，生活中的女孩，如果你抑郁了，不妨这样做：

1. 完善个性品质

其实，只要你拥有良好的交往品质，走出恐惧的第一步，就能受到朋友们的喜欢，慢慢地，心结也就能打开了。“人之相知，贵相知心”。真诚的心能使交往双方心心相印，彼此肝胆相照，真诚的人能使交往者的友谊地久天长。

2. 学习交往技巧

你可以多看一些有关人际交往类的书籍，多学习一些交往技巧，同时，可以把这些技巧运用到人际交往中。长此以往，你会发现，你的性格越来越开朗，你的人际关系也会越来越好；同时，你会发现，你会收获不少知识，你的认知上的偏差也能得到纠正。

3. 寻找信任的朋友

只有信任的朋友，他们才会为你保密，真心地帮你解开心结。

4. 不要为朋友带来困扰

你需要寻求帮助的朋友必须是那些内心坚强的人，如果他比你更容易产生抑郁情绪，那么，你只会为他带来困扰。

5. 必要时候应该寻求心理医生的帮助

如果你觉得你的朋友并没有帮助你脱离内心的煎熬，那么，你应该说服自己，让心理医生来为你答疑解惑。

情绪调控法：

一个女孩，只要内心快乐，她就会脸上挂满微笑，她就是最美的。每个女孩都希望获得快乐，然而，在人生旅途上，没有谁会一帆风顺，当遇到困难时，不妨和朋友多沟通沟通，倾诉出来，你就能重获力量，闯过难关。

消除焦虑，才能更好地迎接明天

有人说过这样的话，人生的冷暖取决于心灵的温度。然而现今社会，对于二十来岁的女孩来说，忙碌的、紧张的生活让她们内心焦虑不安。很多女孩常常会担忧：要是我失业了怎么办？同事不喜欢我怎么办？我好像老了……令她们焦虑的问题实在太多了，而这些情绪会一直纠缠着她们，哪有快乐可言？而那些快乐者，她们始终能淡然面对一切，每天都开心地生活。

因此，每个女孩都要明白，很多都是明天才会发生的事，现下的你只有摆脱这些恐惧和焦虑，才能以最好的状态迎接明天。

医学教授们认为，心理不健康是导致身体不健康的主要原因。比如，有人在身体不适时，就认为自己得了重病，整天陷入恐慌之中，而其实，也许这些只是小病或者根本没有病，只是他的恐惧心理在作怪。心病还须心药医，只有消除恐惧，保持心理的健康，才能让身体也健康起来。

布鲁尼是一名癌症患者，已经是晚期了，医生宣布他只有一年的生命。在得知自己生病之前，布鲁尼的性格非常内向，过于胆小谨慎，总是担心很多东西。让人惊讶的是，当得知自己身患不治之症之后，布鲁尼突然想开了，他变得豁达开朗，坦然地接受疾病。布鲁尼没有选择接受治疗，因为到了癌症晚期，治疗只能缓解疼痛，除此之外，没有任何用处。很久以来，布鲁尼一直很向往到世界各地走一走，看一看。当得知自己只有一年的生命时，布鲁尼毅然决然地放弃了一切身外之物，还卖掉了自己的房子，选择了环球旅行。跟着一艘大船，比鲁尼走遍了世界各地，最后，他来到了中国。很久以来，布鲁尼一直对中国功夫很好奇，尤其是气功。到了中国之后，他找到了一个深山之内的寺庙，跟随那里潜心修行的高僧每日坐禅。经过一段时间的坐禅，布鲁尼惊讶地发现自己原本日渐衰竭的身体居然渐渐地恢复了力量。他每日吃斋念佛，坐禅诵经，一年多过去了，他已经领悟了很多佛家的道理，精力和气色也越来越好。不过，既然已经放下了，布鲁尼并没有欣喜若狂地去医院检查自己是否已经战胜了癌细胞，而是继续在自己的最后一站——这座中国深山中的古庙里安心地吃斋念佛，坐禅诵经。

我们不得不怀疑，布鲁尼是不是已经在彻底放空自己之后战胜了癌症。当然，答案很有可能是肯定的。其实，癌症是一种心因性疾病，长期的紧张、焦虑、不安，特别容易导致癌症。反之，假如一个人积极、乐观、开朗，能够心胸豁达地面对凡尘俗世，自然就能少了很多烦恼，身体也会更加健康。

现代社会，竞争激烈，面对瞬息万变的环境，人们内心焦虑，往往看不清楚真正的自己，也就不能及时察觉自身的缺点，不能用最快的速度修正自己的发展方向，也必然会在学业和事业中落伍，被无情的竞争所淘汰。

那么，生活中的女孩，你是否是个容易焦虑的人呢？你是否很容易忧虑？你是否像林黛玉一样多愁善感？你是否因为天气不好而心情烦躁？你是否会莫名其妙地悲观沮丧？每当周围有人在吵架的时候，即使与你无关，你是否也会变得烦躁、紧张？你是否经常感到惶恐不安？面对众多的选择，你是否总是无所适从，很难下定决心？在回答这些问题的时候，如果有三个以上的答案都是肯定的，那么，显而易见，你是一个对外部环境非常敏感的人，你很容易受到外物的影响。

那么，接下来你要做的事情就是学会冥想，为自己建立一个强大的心灵屏障，学会从淡定的生活态度中获取能量。这样一来，外界的消极情绪、负面能量就不能轻而易举地影响到你，从而，你可以更加平静地生活、工作，变得更加从容淡定。

其实，在这个方面人们应该向新生婴儿学习，虽然他们每天都无所事事，除了吃喝拉撒睡，就是自言自语，但是他们丝毫不会觉得枯燥，更不是着急、焦虑。究其原因，是因为婴儿的心灵非常纯净，就像一张白纸，他们所有的注意力都集中在自己的身心之上。那么，怎样才你能使自己更加专注、淡定呢？首先要学会放空，让自己专注于身心。那么，什么叫放空？假如把人们的大脑比喻成一个容器，那么，放空就是把这个容器中使你焦虑不安的事情都忘记，或者把那些使你紧张得夜不能寐的情绪统统释放出去，取而代之的是淡定、豁达。

总之，每个女孩，你都必须认识到，生活在这个世界上，很多事情都是人力所不能改变的，因此，你所要做的就是快乐地度过每一天。曾经看到过一句话，大意是说，把每一天都当成是世界末日，努力地、用心地过好每一天。

情绪调控法：

在人生旅途中，一些女孩为明天而焦虑，她们担心明天的生活、明天的工作，但实际上，这只不过是杞人忧天。谁也无法预料到明天，所能掌控的只有当下。

第13章

女孩闯荡职场，别让坏情绪毁了自己的前程

生活中，每个二十来岁的女孩离开学校后，就必须走入职场。然而，一些年轻的女孩尽管有一份令人羡慕的工作，拿一份不菲的薪水，但是她们中的很多人对工作并不热爱，视工作如紧箍咒，她们精神紧张、未老先衰，工作对她们来说毫无乐趣可言。因此，女孩，如果你想快乐地工作，那么，你就要记住，重要的并不是你付出了多少，而是你怎样为之付出。你可以在工作中抱有激情和热心的态度，尽自己最大的能力去做，不管会得到多少，始终抱有这种良好的心态来享受工作带来的乐趣！

积极热忱，工作就不再是苦差事

对于刚进入职场的每个女孩来说，可能你都渴望有一番成绩，做出一番事业来。为此，一些女孩认为自己当下的工作根本谈不上是“惊天动地的事业”，于是，她们总是渴望拥有一份更能发挥自己能力与价值的工作，对自己的本职工作便心不在焉。而实际上，热爱你的工作并做到专心致志、全力以赴，是每个社会人的职责，也是让自己快乐的源泉。当你死心塌地地对待你所做的工作时，就能产生火热的激情，它能让你每天在工作中全力以赴。久而久之，持续地努力付出自然会有回报，你还会因此而提高了做事效率。失去热情，必然会失去继续前行的动力；失去激情，必然会失去战胜困难的勇气，不敢面对挑战，这样的人生必然乏味而无聊。其实，如果你细心观察可以发现，那些工作效率高、工作成绩好的人，通常都有一个共同特点：热爱自己的工作。

因此，每个女孩，你都要明白的是，高效率始于源源不断的工作热忱，你必须热爱你的工作。热爱你的工作，你才会珍惜时间，把握每一个机会，调动所有的力量去争取出类拔萃的成绩。

琳达现在已经是一家连锁餐饮企业的老板了，现在的她，每天脸上都挂满笑容。而六年前，她只不过是旧金山一家快餐厅的侍应生。而她的丈夫保罗也只不过是一名交警。虽然那时候他们每天都很快乐，然而他们都梦想着有一天能拥有自己的事业。他们特别喜欢冰激凌，并为经营一家冰激凌店做了一些调查工作，但是他们并没有发现合适的机会。

有一次，一个客人来店里吃饭，琳达无意中和他聊了几句，原来，对方是一家名为“酷圣石”的冰激凌店的老板。这引起了琳达的兴趣，经过数次的拜访和勘查，她和丈夫一致认为这就是自己长期以来所寻找的机遇。于是，他们便决定冒险投资。

当你进入琳达的这家冰激凌店之后,你会发现,琳达工作起来是如此热情洋溢。不论你什么时间去买冰激凌,他们之中总会有一个人一直守在店里。与此同时,保罗还保留着警察这份职业。但他们确实是在享受自己所做的工作。

生活中的女孩,无论你现在从事什么样的工作,你都应该学会热爱它。即使这份工作你不太喜欢,也要尽一切能力去热爱它,并凭借这种热爱去发掘内心蕴藏着的活力、热情和巨大的创造力。事实上,你对自己的工作越热爱,决心越大,工作效率就越高。

那么,如何才能做到热爱并做好自己的本职工作呢?

首先,专注于你的工作。

只要你专心致志地做好自己的本职工作,那么,你就会产生良好的绩效,你就会有成就感,对工作的热爱而也在无形中产生了。因此,我们不难发现,“热爱”和“全神贯注”就如硬币的正反两面,是因果关系的循环。只要热爱才能产生专注的热情,全神贯注之中自然而然热爱上了。当然,在开始的时候,难免会有些困难,但只要你反复对自己说:“自己正在从事一项了不起的工作”,“这是多么幸运的工作啊”。于是,你对工作的态度自然而然就有了大转变。

其次,在择业之前,你应该考虑自己的兴趣。

如果你真的不喜欢这份工作,怎么也提不起兴趣,你觉得自己正在度日如年,那么,你不必要强颜欢笑,你需要做的是找到自己的兴趣所在,然后寻找一份适合自己的工作。

如果你并不了解自己的兴趣所在,怎样才能挖掘出它们呢?有很多方法可以做到这一点。例如,在你目前的工作中,你最喜欢它的哪些方面?是和他人共处,还是不和他人共处?是智力挑战,还是解决问题或者某个问题在某一天结束的时候有了具体答案的满足感?

因此,女孩,热爱你的工作吧!一个人所从事的工作,是他获得幸福的源泉,是他的理想所在,是他对待人生态度的体现。工作将填满你的大部分人生,珍惜生命和时间的表现之一就是带着热情工作。你还可以从工作中释放自己的热情,释放自己的能量,释放自己的智慧,来获取一份快乐,一份成功!

情绪调控法:

没有热情的努力是白费的,也是没有效果的。热爱你的工作,你才会珍惜时间,把握每一个机会,调动所有的力量去争取出类拔萃的成绩。

摒弃急躁情绪,做脚踏实地的职场丽人

现实生活中,相信每个初入职场的女孩都有自己的理想,并渴望成功。生活中有理想的人也不少,而大多数只能与成功无缘,他们不能成功是因为他们往往空有大志却不肯低下头、弯下腰,不肯静下心踏踏实实做事,不肯从身边的本职工作开始积聚自己的力量。要知道,只有一步一个脚印,踏实、不浮躁地做事与学习,才能为成功奠定基础。而实际上,这正是生活中的一些年轻女孩们所欠缺的。有些时候,她们总是怨天尤人,给自己制订那些虚无缥缈的终极目标。

哈佛大学有一位教授曾经为学生们讲过这样一个故事:

在日本的一家小工厂里,有一位工人,初中学历。

他的上司总是对他说:"这事要这么做",无论上司说什么,他总是一一记下,生怕漏了什么。每天,他的话都不多,总是埋着头在做他自己的事,双手粘黑,额头流汗。无论上司布置什么任务,他都日复一日,不厌其烦地认真完成。在工厂里他毫不显眼,一直默默无闻,但从无牢骚,也从无怨言,兢兢业业,孜孜不倦,持续从事着单纯而枯燥的工作。

20 年后,当他已经离职的老上司再看见他时,吃了一惊。当年那么默默无闻、只是踏踏实实从事单纯枯燥工作的人,居然当上了事业部长。关键

是，令他惊奇的不仅是他的职位，而且从言谈中他体会到，这位工人已经是一个颇有人格魅力、且很有见识的优秀的领导。“取得今天这样的成就，你很棒！”

的确，这位工人看上去毫不起眼，只是认认真真、孜孜不倦、持续努力地工作。但正是这种坚持，使他从平凡变成了非凡，这就坚持的力量，是踏实认真、不骄不躁、不懈努力的结果。

每个二十来岁的女孩，在刚刚步入职场时，你要明白，让自己沉下心来进入角色是非常重要的，越早进入就意味着越早地步入事业的轨道。每天都让自己成熟一些，浮躁之气自然会少下来。正如托马斯·爱迪生所言，成功中天分所占的比例不过只有1%，剩下的99%都是勤奋和汗水。

同样，对于工作，你一定要树立踏实的态度。要想获取成功，就得付出坚强的心力和耐性。艾森豪威尔说：“在这个世界，没有什么比‘坚持’对成功的意义更大。”的确，世界上的事情就是这样，成功需要坚持。雄伟壮观的金字塔的建成正是因为它凝结了无数人的汗水；一个运动员要取得冠军，前提就是必须要坚持到最后，冲刺到最后一瞬。如果有丝毫之松懈，就会前功尽弃，因为裁判员并不以运动员起跑时的速度来判定他的成绩和名次。

浮躁的情绪在当今社会的年轻女孩中普遍存在，具体的表现在于：事情才刚刚做到一半，他们就觉得已经大功告成了，便开始松懈起来。她们急功近利，只讲速度，不讲质量，看不起眼前的小事，认为干它没有什么意义。她们的兴趣没有被提升起来，挑战自己和别人的欲望也被压抑着。

总之，生活中的女孩，你一定要明白一点，没有哪个人可以永远独占鳌头，在瞬息万变的世界里头，唯有脚踏实地的人才能够掌握未来。

那么，工作时，你该如何克服浮躁情绪呢？

1. 比较时要知己知彼

“有比较才有鉴别”，通过比较，人们能看到真实的自己，但即使比较，一定要知己知彼，只有做到从多方面比较，才能看得全面，否则，你得到的结果就是虚假的。如果人们都能这样比，那么，自然就少了很多不平衡的心理，也不会感到无所适从。

2. 要有务实精神

务实其实就是脚踏实地，不浮躁，只有打好基础，你才能开拓，否则，一切都是花架子。

3. 遇事善于思考

考虑问题应从现实出发，而不能凭意气用事，学会站在全局的角度看问题，你就能看得远，寻找出最好的解决方法。

的确，如果你能够坚持，真正地静下心来，认真地去做事、学习，你做的会比现在好很多。只有拭去心灵深处的浮躁，才能找到幸福和快乐。那么，幸福和快乐在哪里？幸福和快乐其实就在你的心里。只要你愿意，随时都可以支取。在很多时候，你都急需在心中添把火，以燃起某些希望。

情绪调控法：

每一个年轻女孩在工作中都应该有踏实肯干的精神，从现在起，你要做到不腻烦、不焦躁，埋头苦干，不屈服于任何困难，坚持不懈；只要你坚持这样做，就能造就优秀的人格，而且会让你的人生开出美丽的鲜花，结出丰硕的果实。

在领导面前放下紧张情绪，敢于表现自己

作为一名刚参与职场工作的女孩来说，可能你会认为，只要埋头苦干，做好自己的分内工作，你就是“先进工作者”了。实际上，这种想法是错误的，你这样做，只会给人留下老实、踏实的印象，一旦时间久了，你就会被领导忽略，职场如升职、加薪等好事自然也与你无关。任何一个领导，都喜欢充满激情、富有创新、敢说敢想的员工，而这样的员工通常都会得到重用。

然而，女孩，你若想在领导面前展现自己，第一步要做的就是克服紧张情绪。

小杨是个内向的女孩，从上学到工作都很文静，很少和周围的同事接触，甚至连话都不敢说重了。这样，二十几岁的她，在单位也没什么是非，当然，两年了，也没升职。她也为自己目前的工作状态感到满意，但有一次聚会，却让她彻底改变了自己的看法。

每年，公司都会举行一次大型的聚餐活动，今年依旧如此。那天，小杨所在的部门同事们都坐在了一起。聚会进行到一半时，为了活跃气氛，有同事提议表演节目。轮到小杨所在的部门时，大家有点面面相觑。部门主任不擅长唱歌表演。刘姐是个庄重淑女，是不可能失去高贵气质的。老李的水平和主任差不多。只有小赵有文艺天才，能自弹自唱，但不巧的是他感冒了，嗓子肿的说不出话来。

最后大家把目光聚到她的身上。刘姐说："年轻人哪有不会唱不会跳的？这又不是比赛，意思意思就行了。"还没等她反对，主持人已经报幕了："下面由计划部的小杨给咱们献上一曲……"事已至此，她只好硬着头皮在大家的目光中走上台去，接过话筒唱了一段京剧……这段京剧旋律流畅轻快，节奏鲜明好听，以至于台下的老师傅们不知不觉地跟着唱了起来，场面达到了高潮，大家的掌声更响了。她的情绪也高了起来，有种真正被人接受、被人欣赏的感觉和喜悦。

回到座位上，主任笑容可掬地说："没想到小杨还有这么两下子呢，不错不错。以后再有这样的机会，让他和小赵配合一下，兴许还能给咱部门拿个什么奖呢。"她真是有点受宠若惊，要知道主任可从来没有这样和蔼可亲地对她说话。

这次聚会后，小杨一下子出名了，以前她还不认识或还不太熟悉的其他部门的同事，在班车或是在食堂相遇，友善地和她打招呼，因此她也意外地结识了很多新朋友。更让她惊喜的是，在一次公司例会上，公司总裁居然主动和她说话："我知道你，戏唱得不错，韵味十足，现在年轻人会唱京剧的不多呀。人也长得好看,小姑娘不错。老董你很有眼光啊。”

主任开心地大笑起来:“您不是说培养年轻人嘛!”

会后主任和小杨讲:“好好干,只要外面有出头露面的机会我会安排你去的,年轻人前途无量啊。”不久,主任退休,该职位由小杨接任。当时的小杨才只有24岁。

一次赶鸭子上架的机会,让小杨被单位同事熟识,被单位领导重视,这再次让我们体会到周总理的那句“外交无小事。”事实上,除了一般性质的聚会,平时的工作会议,也是职场新人表现自己的良好机会。了解了这一点,估计有很多职场女孩知道为什么自己“俯首甘为孺子牛”,做足了那100%的功课,却不及那些高曝光度的同事,动那60%的脑筋,来得讨巧了吧?

当然,可能不少女孩会问,怎样才能做到克服紧张情绪、大胆地表现自己呢?相信以下方法能帮到你:

1. 深呼吸

采用深呼吸法可以消除杂念和干扰,当自我感觉十分紧张时,能有意识控制自己的情绪。

2. 把注意力从自己身上移开

女孩,学生时代,在考试时,老师会给出一些建议:对于那些不会做的题目,可以先转移注意力,减少焦虑,回避这个一时解答不了或暂时回忆不起来的问题,当其他问题解答完之后再回过头来“重新”思考回避的问题。这种做法可以使优势兴奋中心得以转移。

同样,与领导说话前,你也可以休息片刻或者活动一下四肢、头部,来调节中枢神经系统,从而使抑制状态得到缓解。

3. 均衡运动,活动一下身体的一些大关节和肌肉

均衡运动是指有意识地让身体某一部分肌肉有规律地紧张和放松。比如你可以先握紧拳头,然后松开;也可以固定脚掌,作压腿,然后放松。作肌力均衡运动的目的在于让你某部分肌肉紧张一段时间,然后你便不仅能更

好地放松那部分肌肉，而且能更好地放松整个身心。你需要注意的是，做的时候速度要均匀缓慢，动作不需要有一定的格式，只要感到关节放开、肌肉松弛就行了。

当然，要想真正消除紧张心理，从根本上来说还是要你降低对自己的要求，不过分在意领导对你的看法，自然就会使心境松弛一些。

总之，女孩，与领导说话，如果在准备充足的情况下，你还是会产生紧张情绪，那么，掌握一些放松自我的技巧可以让你“应急”！

情绪调控法：

初入职场的女孩，你要时刻准备着，抓住机会大胆地表现自己，这时你将会发现，从此你的工作和生活开辟了一个新的天地！

赞美同事，让大家都在好情绪中工作

走入职场，女孩，每天充斥在你周围的是那些繁琐的文件和事务，你面临着越来越大的压力，开始对你原本热爱的工作失去了热情，你的情绪会变得焦虑和抑郁。你会变得烦躁，经常想些不愉快的事情，对能完成的简单工作也会觉得复杂和难度增大！而在这个时候，如果有人能站出来告诉你：不要灰心，加油，你是最棒的！你是否感受到了新的能量？

心理学研究发现，人们的行为受着动机的支配，而动机又是随着人们的心理需要而产生。人们的心理需要一旦得到满足，便会成为其积极向上的原动力。

同样，每个职场女孩，日常的工作中，如果你也能对同事说些赞美和鼓励的话，那么，便能让大家都在良好的情绪中工作。

某服装店内，一位导购员发现新上架的一件衣服做工有问题，于是，她及时把它转移到顾客看不见的角落里。这一举动被店面经理看到了，就夸她为公司着想,维护公司的荣誉,还决定给她加奖金。这位导购员简直有些受宠若惊,到处赞扬那位经理,说她眼快心细,自己的一点小成绩也逃不过她的眼睛,在这样的公司工作才有价值感。

这位导购员不仅仅是因为被奖励了而快乐,而是被经理的关心所感动,使她感到自己生活、工作在一个温暖的集体之中,从而激发了她的工作热情,增强了责任心。

不得不说,工作中,一些不善言谈的女孩在赞美他人时常犯一个错误,就是见了什么都说好,见了谁都说好。这样泛泛的赞扬会让人觉得赞扬者漫不经心,它不会让受赞扬的人感觉到真正的快乐。从细节上赞美会显得更真实,也会更有力、有效。

小小是一名打字员,她所在公司的经理是个阴晴不定的女人,在工作中也夸奖过下属,但却来路不明,让很多同事不明就里,小小就是因为曾经被她表扬而不知所措。

有一天,小小刚走进办公室,恰遇上总经理,总经理称赞她"是一名优秀的职员",小小还以为自己的努力被经理看到了。但事实上,过了一会儿,女经理就问一份错误的报告是谁打的,小小主动承认了自己的失误。而下班时,女经理又赞扬她"你工作得很好"。这些都使小小感到很困惑。接下来的几天,小小都受到了女经理这种莫名其妙的表扬。在几经折腾下,小小一纸辞呈,离开了公司。

在这个事例中,这位女经理深知赞扬对员工的作用,但她却不知道赞美的方式方法,让员工小小陷入了困惑而辞职。

因此,生活中的每一个女孩,都应该从这则案例中获得启示。一般来说,相对于男性而言,女性更善于说他人喜欢听的话。但你还需要注意,凭空的、空泛的赞美谁都会,仅仅是几句好话而已,但这起不到赞美的作用,反而还会弄巧成拙。

曾经有人这样说过:"促使人们自身能力发展到极限的最好办法,就是赞赏和鼓励……我喜欢的就是真诚、慷慨地赞美别人。”如果你真心想赢得他人的支持，就不要只看到自己，而应该多看到他人的优点、长处、成绩等，你不应该虚情假意地逢迎，而是真诚、慷慨地去赞美。

当然，在赞美和鼓舞他人时，也不是没有原则的拍马屁，你需要注意以下几点：

1. 发自内心、真诚赞美

任何赞美，只有建立在真诚的基础上，才会真实可信，否则给人虚假和牵强的感觉。比如，如果你的女同事身材矮小肥胖，你却用“纤细瘦长”这个词来夸赞她，必当被对方认为是嘲笑、讥讽或者是不怀好意。

2. 不能用千篇一律的语言赞美每一个同事

在赞美他人的时候要根据其性别、性格和职位高低等各个方面来使用赞美语言。

赞美和肯定他人，即使与工作无关，也能加深你们彼此之间的关系。你应该找出对方最值得赞赏的地方，如果这一点是被其他人忽视的地方，那么，对方必定受宠若惊，对你的细心感激不尽。比如她（他）的穿衣品位、爱好兴趣、工作态度、办事效率等，哪怕是不经意的一句话，都会起到意想不到的效果。

因此，从明天起，女孩，如果你发现食堂今天的饭菜不错，那么，就不要忘记夸赞大师傅的手艺；如果你发现一位同事的歌唱得好，你也别忘记经常让他一展歌喉。虽然这些话语并不能令他们得到加薪或提拔的好运，但至少，你是诚心诚意地向他们奉上了一颗“开心果”。

情绪调控法：

职场中，学会一些赞美同事的技巧，并发自内心地赞美同事，不仅会让同事增加对你的好感，而且也会给你自己的工作带来便利，使彼此的心情变得愉悦、轻松，合作起来也格外容易。

少点抱怨，带着感恩的心工作

生活中，不少刚进入职场的女孩可能会产生这样的疑问：为什么有的人工作并快乐着，事业有为；而有的人却满怀抱怨，一事无成？而这一切源于是否有一颗感恩的心。如果你每天都能以愉悦感恩的心态去工作，你就能在平凡的工作中，体味关爱与珍惜，学会耐心与细致，学会相处与沟通，学会理性与思考，就会发现工作给你提供了启迪智慧的场所，历练能力和身体的机遇，从而收获成功与喜悦。

微软最初是从两个好朋友创业开始的，发展到现在，已经成为拥有八万多员工的大企业了。在公司中，盖茨的领导力发挥了重要的作用。他独特的人格魅力，他所创造的积极勤奋的工作氛围，吸引了全球软件行业的顶尖人物纷至沓来。他们个性迥异，如果没有他们对盖茨的感恩、对工作的勤奋，那么微软在30年的创业历程中时刻都有可能分崩离析。

微软公司内部早已营造出一种“工作第一，以公司为家”的气氛，当年盖茨本人对工作的狂热和勤奋也带动了员工的工作激情。大家都是没日没夜地干，甚至可以一连几天都不休息。人们也经常看到盖茨加班工作，与员工一起讨论公司的经营计划，并经常鼓励员工要突破障碍，努力进取。对表现出色的员工，盖茨也会给予高额的物质奖励，以及精神上的鼓励。这也让员工自身的价值得以体现，对微软和盖茨都充满了感恩之情。而这种感恩，又会带动员工的积极性和工作热情。面对困难时，一个员工可能难以解决，但是多个员工同心协力，困难就会很容易被瓦解。

如今的盖茨已经辞职了，但他为微软创造的价值，以及为微软员工带来的影响，却是深远而意义非凡的。正是他站在员工们的前面，为员工做榜样，才让更多的微软人找到了归属感，让员工真正体会到微软不只给员工发薪，还关注员工未来的发展，以及他们的家庭，从而使员工心怀感恩，更乐于勤奋工作。

的确，勤奋不仅是一种对待生活、对待工作、对待学习的态度，也是一种感恩的具体表现。一个人只有心怀感激，才能投入全部的激情面对生活、努力工作。这样，无论他遇到什么困难和压力，都能不断寻找解决的方法，而不是牢骚满腹，也才能不断提高自己，赢得成功！

然而，我们却常常听到一些女孩抱怨道："哎！工作太累，天天都有做不完的活，连喘口气的机会都没有！""看看我们公司的那伙人，那都什么素质，简直没法说！"……她们对工作似乎就一点也不满意，而实际上，抱怨对于事情的解决毫无益处，它只会让你在忙碌中兜圈子，只会浪费时间。相反，如果你能心平气和地正视问题，理清自己的思绪，那么，找到解决问题的方法的概率便会大大提高。

有句话讲得好，如果想抱怨，生活中的一切都会成为抱怨的对象；如果不抱怨，生活中的一切都不会让人抱怨。总是以抱怨的心态工作，做起事来难免草率敷衍，更别说展现出富有激情的、创造性的工作表现了。那么你呢？你一天要花多少时间在抱怨上呢？

总之，女孩，用感恩的心对待工作，你每天都要想想别人的好。上班之前，可不必忙于繁琐的工作，先用几分钟想想：父母给了我身体，但给了我工作吗？是谁给了我工作？是谁养活了我？如果没有公司为我提供岗位，我的生活是否有今天这么美满和幸福？

情绪调控法：

工作岗位为你提供了广阔的发展空间，工作为你提供了施展才华的平台。对于工作为你带来的包括维持生计在内的所有一切，都要心存感激，并要通过努力工作来表达，来回报。

第 14 章

谁的青春不迷茫，女孩在爱里要睿智

“爱情”是人世间永恒的主题，每一个年轻的女孩可能都正享受或向往甜蜜的爱情和婚姻。爱情源于两个人的吸引，是感性的。但身为女性，要经营好婚姻和爱情，更需要理智，无论遇到什么问题，你都要掌握好自己的情绪，理性分析。只有这样，你才能平息争端、掌握主动，还能让你与爱人的关系在磨合的过程中更亲密、融洽而快乐。

他到底爱不爱我，女孩也要大胆表白

曾经有人问，什么样的女人最美？可能不少女人会回答：爱情中的女人最美。的确，女人无论多大年纪，都需要爱，爱是生活最强大的动力来源。现代社会，每个二十来岁的女孩，也渴望获得一段童话般的爱情，也都希望找到一个疼爱自己、呵护自己的另一半，开心时陪自己笑，不开心时逗自己笑。每个女人都希望获得爱情，但并不是每个女人都有勇气去追求爱情，敢于大胆地表达出来的女人更是少之又少。尤其是对于二十来岁的女孩来说，她们大多很矜持，总希望男人主动发出爱的信号。她们总认为，女人就应该站在原地，就应该让男人主动走过来告诉她“我爱你。”在她们看来，主动表达爱是一件没面子的事，总认为一旦自己主动了就失去了主动权。就在这一套没有任何事实依据的爱情理论面前，很多女孩左右观望、左等右盼，最终的结果是让爱人离自己远去。

不错，一般情况下，在恋爱初期，一般都是男人主动发出求爱攻势，你可以选择接受或者不接受。然而，并不是所有的男人都是大胆的，有些男人比女人更羞怯，也有一些男人性格豪放但同时也是粗心的，他们根本不懂得与女人猜心思，你一味地矜持只会让他们觉得你并未中意于他，最终他们很可能因为你的态度而放弃这段感情。因此，女孩，如果你想获得幸福，不妨放下老祖宗那一套女孩要矜持的理论吧，也不要在原地纠结“他到底爱不爱我”的问题，有爱就表达出来吧。

小风和小夏是一对人人羡慕的情侣，谈起他们的相识和相爱，还有一段曲折离奇的故事。

小风当时在北京的一家公司上班。小夏正是因为面试才认识的小风，虽然面试没有成功，但却和小风成了好朋友。你来我往间，情愫渐生。

小夏毕业后，小风已经不在北京上班了，而此时的小夏也没有在北京找工作的打算。后来，通过联系才得知，小风居然去了自己老家的一家公司，于是，小夏头脑一热，也回去了，见面成了自然而然的事情。

第一次正式约会那天非常热，小夏的方位感很差，直到上完大学，仍然只知道左右而不了解东南西北，通着电话，却彼此找不到对方。在相约见面的地方迂回了一个小时后，终于胜利会师。但是此时小夏已经晕头转向、气急攻心并且有严重的中暑倾向，见到小风以后，也不管是不是第一次约会，也顾不得什么矜持不矜持了，她对小风说："我快休克了，英雄能不能先借我肩膀用一下。"小风先是愣了一下，然后扶着小夏走进一家快餐店解暑。

从此以后，王子和公主开始了幸福的生活。过了很长时间，小风很纳闷地问为什么第一次见面就借肩膀。小夏告诉他："当你还距离我150米的时候，我已经快晕倒了，当时看的武侠小说比较多，所以顺口就说出来了，幸亏你没有被我吓跑。"

这个故事中的小夏就是一个敢于大胆主动追求爱情的女孩。毕业以后的她，为了自己的爱人，主动来到小风生活的城市，并且，在约会时，她也是大大咧咧，直接表达了自己的感受。她的一番幽默的话，体现了她的大方，让她赢得了爱情。

从人的内心角度看，人们都希望自己爱的人主动对自己表达，并认为只有这样，才能把握爱情中的主动权。如果你一味地坚持所谓的矜持，那么，只能白白让爱蹉跎，甚至离自己而去。总之，在爱情的世界里，无论男女，每一个人，都要遵循自己内心的想法，对于自己爱的人，一定要大胆地告诉他"我爱你！"

总之，女孩，你已经是新时代的女性，你也和男人一样享受着高等教育，和男人一样驰骋于职场，也同样为社会做出了一定的贡献。那么，在爱情观上，你为什么不可以改变一下呢？新时代的女性就要敢爱敢恨，属于你的爱情，就要勇敢地追求。当你与爱人一起偎依在夕阳下的时候，也会你会发现，正是你当初的那一脑子热血，才让你没有错失一份美好的爱情！

情绪调控法：

在幸福面前，无论性别，每个人都应该大胆点、勇敢点，大胆地说出内心的感受，只有这样，才不会留下遗憾。

对他的举动，你到底该不该猜疑

生活中，我们常提到“信任”一词，可以说，信任是爱人之间感情存在的基础。一对互不认识的男女牵手靠信任，恋人由恋爱进入婚姻的殿堂也是要信任。任何一个男人，都希望自己的妻子或女朋友能够充分信任自己，而猜忌是感情的最大杀手。而事实上，猜忌也是婚恋中的女人的通病，她们翻看丈夫的公文包，探询丈夫的行踪，查阅丈夫的手机信息，试图为自己的猜想找到蛛丝马迹，结果往往酿出一场场家庭悲剧。

不得不说，女人都是感性的、缺乏安全感的，尤其是对于那些缺乏历练的二十来岁的女孩，她们在处理感情问题时显得更冲动。但你要明白，爱情与婚姻，不仅仅是一种爱，还是一种学问。你若想珍惜爱，首先要学会的就是信任。少点猜疑，多点信任，爱才会有足够的空间茁壮成长！

小李和丈夫小张大学时候就开始恋爱了，毕业以后，两人顺利步入了婚姻的殿堂，可以说，他们是周围同事、同学、朋友羡慕的模范夫妻。小张是个体贴的男人，在学校的时候，他就一直充当着大哥哥的角色照顾小李，而且无微不至。而小李则像一只温柔的小鸟，总是偎依在小张的身旁。

婚后，小张提出自己创业，并要努力为妻子换个大房子。于是，他们便把几年存下的积蓄拿出来，开了自己的公司。从此，小张起早贪黑地工作，常常应酬到半夜才回家，然后倒头就睡，偶尔早回家，也是埋头查资料、写方案。

小李变得孤独了，刚开始，她总是在丈夫身边，希望丈夫和自己说说话。但丈夫太忙了，他期盼着成功，期盼着为妻子奉献高品质的生活。然而，小李对丈夫并不理解。她常问：“你总和什么人在一起？”“孙总、李小姐……”

丈夫回答。

但她并不信任丈夫,“他支支吾吾的,肯定有什么秘密。”想到这一点,她便想到一个很好的主意。这天,等丈夫下班后,她悄悄打开了书房的保险柜,果然,她发现里面居然有一瓶男士香水。看到这里,小李变得抓狂了,肯定是哪个女人送的!

晚上等小张回来后,小李开始咆哮起来:“你在外面是不是找了狐狸精了?”

“你说的什么话?”

“那你告诉我,那瓶香水是怎么回事?”

“你开我的保险柜了?”小张说到这里,已经开始生气了。

“是啊,你先告诉我,香水是哪个女人送的?”

“你太过分了,你知道什么叫隐私吗?你大学是不是白读了?”小张已经很生气了。对于香水的事,他也不想解释了。他什么也不说,就拿起报纸走到另一个房间。

这件事情以后,他们说的话更少了。五年后,他们如愿以偿,取得了阶段性成果,事业小有成功,可以实现买房计划了,而妻子提出买两套小房子,而不是计划中的大房子,虽然他们之间并没有第三者。离婚的时候,小张告诉妻子,其实那瓶香水只是一个同事出国的时候,给自己买的一个纪念品。

有人说,猜疑原本就是幸福婚姻生活的最大杀手,有多少甜蜜的爱人之间正是因为猜疑而分道扬镳。的确,故事中的小李就是为了满足自己的好奇心而翻看丈夫的私密物件,即使这一物件并没有特殊意义,但却是对夫妻双方之间信任的一种亵渎。小李之所以生气,也就是因为这一原因。

这个故事给那些在婚恋中任性的年轻女孩一个启示,即便你的男人爱你,你也要注意不要全都解剖了彼此的心灵,那样的话只会留下情感的僵尸!

女人的猜疑心、控制欲是与生俱来的,在现代婚恋中表现得更加明显。尤其是现代社会,家外花花草草的诱惑真的很多,女性更是防不胜防,管不胜管。假如你因缺乏自信而心生多疑，因担心男人去采摘路边的野花而处处设防，或者就干脆通过一些私人物品来捕风捉影，那么，只能激怒对方。爱需要自由的空间，再长久的爱情都经不住质疑，感情一旦产生信任危机，便岌岌可危了。对于二十来岁的年轻女孩来说也是如此，无论你现在是否处于恋爱中，都要上好这一堂课。

情绪调控法：

“爱”这个字眼是阳光的，在一个充满了猜忌的环境里，爱会消失殆尽；而在一个相互尊重、接纳、诚恳的环境里，爱会茁壮成长。

面对爱情中的背叛，要冷静理性处理

相信每个年轻的女孩，都希望自己能收获一份甜蜜的爱情，与自己的爱人长相厮守，这是女孩们的美好愿望，但实际上，并不是所有人都时时刻刻享受到甜蜜的爱情。最令人们伤神的是遇到感情危机，良好的情侣关系难以为继，此时，该如何是好呢？好言相劝有时候并不见效，而苦苦哀求也只会让你丧失尊严和人格，死缠烂打更是会让对方心生厌倦。此时，你应该做的是冷静下来，不与自己，也不与对方斗气，理性处理，宽容对方，让对方重新感受恋爱与婚姻中的甜蜜，从而让爱情绝处逢生。

一名男子在经历了几年的事业打拼后，事业有成，但对自己的婚姻却产生了厌倦的情绪，而对妻子的闺蜜产生了好感。在几经思索后，他决定邀请妻子闺蜜，而对方也答应了她。

出门的时候，他向妻子撒了个谎，说晚上有应酬，晚点回来，妻子也没说什么。

男子如约而至，妻子的闺蜜已经等候已久。于是，男子开始与其交谈，席间，自然免不了谈及他们共同熟识的人——妻子。男子抱怨妻子如何如何地让他感到厌倦,说妻子只懂得柴米油盐,不懂得浪漫。他试图握住妻子女友的手表白心意的时候,妻子的女友对他说:“对不起,时间到了,我答应了我的朋友。”

他惊讶地说:“你朋友是谁?”

妻子女友说:“你的妻子。”

他愣然了,一副垂头丧气的样子。他居然觉得很惭愧,怎么能这样对待勤勤恳恳的妻子呢?

他拖着沉重的脚步推开家门的时候,妻子在等他。妻子对他说,这不怨你,我还有做的不到的地方。他感到无地自容,只有深深的愧疚和感动。他们紧紧拥抱在了一起。

后来的日子,他们彼此之间多了一分信任,一分恩爱。

对待爱人感情的出轨,一百个人有一百种处理方法。有的人以报复来求心理平衡,有的人扯着对方的衣领上法院,有的人找“第三者”厮打成一团。但故事中的妻子是一位大度的女人,当朋友告诉她自己的丈夫有出轨的想法时,并没有气势汹汹地和丈夫吵闹,而是给丈夫一次反思的机会,然后心平和气地承认自己的不足,并表示自己是爱丈夫的。她的智慧与宽容挽救了她的家庭以及幸福。

社会阅历尚浅、人生经验不丰富的女孩,如果遇到这样的问题,你又会怎么处理呢?无论是爱情还是婚姻中现第三者,其实,双方都是有着不可推卸的责任,这是情感专家调查的结果。而此时,宽容就是一副拯救婚姻的良药,不仅能帮助双方增进感情,更能把对方的“情感走私”扼杀在萌芽状态。

当今社会,物欲横流,感情泛滥,情又为何物?婚姻、爱情总是被背叛、出轨、一夜情这样的毒素所充斥。一些男人女人经常会用一句最简单的话“对爱人没有了激情!”作为出轨的理由,去追寻激情。可是,激情过后,他们会发现,外面的世界虽然精彩,可是也好无奈和虚伪,平淡才是真,爱人才是你永远的守候。而在此过程中,作为受伤害的一方,如果你向爱人表达愤怒、不满甚至与之展开战争，那么，只会加快对方离开的脚步。而如果你能冷静处理，尊重其选择，那么，他必当会顾及旧情，念及你的明理、善良等，婚姻才有转机。

当然，婚恋中，“相敬如宾”到“相敬如冰”再到“相敬如兵”，从一往情深到两情谴倦，从相看两不厌到相看两厌，从“执子之手与之皆老”的美好宿愿到“转过身之后从此陌路”，感情蜕变之神速让人难以承受。当婚姻里的情感陷入危机时，你也可能会慨叹“早知今日不该当初”，就会有“如果当初如何如何，现在就不会怎样怎样……”但处理感情问题，切不可暴躁，必须冷静。冷静才能分析出问题的根源。如果冷静分析之后，还找不到两人在一起的理由，那就应寻找出路了。

现代爱情和婚姻已经越来越宽容，爱不是卖身契，谁都不是卖给对方的，有缘分才能一辈子白头到老，没有缘分大可不必强迫对方跟你“从一而终”。

总之，女孩，未来的婚恋生活中，如果你遇到感情亮起红灯的情况，请冷静处理，不激化矛盾，不扩大纷争，既是保护自己，也许还会给婚姻一线生机。退一步讲，即使分手也并不是世界末日，面对分手，从心灵上呵护自己，从经济上考虑自己，倒是必要的。因为即使没有了婚姻，但生活还要继续……投入地爱，但不失去自己，的确是现代女性面对婚姻所需要的基本智慧。

情绪调控法：

婚恋中，如果你遇到对方感情的背叛，那么，大吵大闹无济于事，只有冷静下来，分析问题的根源，才能找到感情问题的出路。

适度争吵可以快速解决问题

任何一个女人，无论在婚姻还是爱情中，都希望能与爱人相亲相爱、相敬如宾，这无可厚非。但如果你希望在婚恋中完全避免争吵，那是不可能的。人们常说，牙齿和舌头都会打架，更何况朝夕相处的爱人。尤其是结婚后，缺点比优点更容易暴露出来，彼此也不会“情人眼里出西施了”。

然而，现实生活中，很多女人一旦和丈夫吵架，就把离婚挂在嘴边，因为她们认为，这与她们内心所想象的婚姻是不一样的。而实际上，这只是你的心态问题。看那些幸福美满的婚姻，夫妻双方不都是三天一小吵、五天一大吵？

同样，现在正享受或对爱情、婚姻充满渴望的年轻女孩，你也必须调整自己的心态，婚姻中是无法避免争吵的，放宽心、多沟通甚至可以迅速解决问题。

小雨和丈夫结婚已经整整三个月了。她和丈夫是通过相亲认识的，谈恋爱的时候，她对这个男人实在太中意了，他潇洒大方、事业成功、家世殷实，以至于他在向小雨求婚时，小雨想都没想就答应了。但婚后，小雨发现，原来婚姻并没有她想象中那么幸福，她一下子由一个美丽的女人变成了整天和锅碗瓢盆打交道的妇女，每天都要面对丈夫的臭袜子。最可恨的是，丈夫是个大男子主义者，他希望小雨什么都听他的，这哪里是小雨的风格？于是，吵架开始了，一气之下，小雨带着怨气回了娘家。

椅子还没坐热，小雨就一股脑儿把自己的委屈都说了出来。母亲一直很宠小雨，就安慰自己的女儿：“不是吧？结婚前我看他挺好的，怎么是这样的人？太小心眼了吧？”

“是啊！哎，要是知道结婚后天天会吵架，我打死也不结婚啊，我现在想离婚了。”听到女儿这么说，在一旁看报纸的父亲急了，赶紧也凑过来。

“你这傻孩子，别动不动就说离婚，夫妻双方吵架是很正常的事。小李人不错，你在路上的时候，他就打电话来了，还跟我们道歉。只要没有原则性问题，吵吵架也没什么啊，越吵越热闹啊！”

听到父亲这么说，小雨噗嗤一声笑了：“合着您的意思就是鼓励我们吵架？”

“那肯定不是嘛！我的意思是，你别还像没结婚时一样，希望周围的人都围着你转，男朋友哄，爸妈疼着。结了婚，你就为人妻了，要调整好心态，不要动不动就提离婚，说多了会伤害夫妻感情的。”父亲的话似乎很有道理，小雨听完后，收拾了东西，洗了把脸就回家了。

这则案例中，已为人妻的小雨因为和丈夫吵架而回到娘家，但最终被父亲劝服。的确，任何一个女人都应该明白，夫妻吵架在所难免，万不可抱着吵架就离婚的心态。当然，这并不是鼓励所有的女人和丈夫吵架，而是应该调节自己在婚姻中的心态。

事实上，绝大部分女人与男人吵架的原因无非与厕所马桶盖是敞开还是合上，或者是轮到谁去倒垃圾这样的问题无关，一旦你明白了这一点，你就可以接受婚姻中最令人吃惊的一个事实：夫妻间的绝大部分争吵是无法解决的。夫妻双方年复一年地试图改变对方的想法，但没能成功，而这就是婚姻。

家庭矛盾是无法回避的，既然有矛盾就会有斗争。夫妻相爱一生的经历也是“战斗”一生的过程。争吵作为一种“战斗”的方式，有时也是一种必要的而且行之有效的选择。因此不要将吵架视为洪水猛兽，吵架是家庭生活中的一部分，正像天晴久了下一阵雨一样的自然。

总之，女孩，你要明白的是，爱人间免不了磕磕碰碰。在明白这一点之后，你还需要明白的是，即使吵架，也不可伤害夫妻间的感情。因此，为了避免家庭大战，你还需要掌握以下几点沟通原则：

1. 带着情绪时不要沟通

因为情绪会直接影响着你的沟通态度，进而影响着沟通的效果。据说，拿破仑曾经为军队树立一条纪律：士兵犯错后，军官不得马上批评，因为马上批评，会受到情绪的影响而起不到真正的批评的作用。沟通亦然，带着情绪沟通，就很容易使沟通走偏。

2. 站在对方角度思考，给予必要的肯定和理解

为什么对方和你的意见不同？这必然是有原因的。那么，为什么不理解呢？你应该理解。如果你表示一下理解，那么在情感上就相当于给了对方一个极大的安慰，使其郁积在胸中的不良情绪也得到缓解和疏通。

3. 要诚恳地道歉

不要认为自己没有错，其实只要是与丈夫发生了矛盾，这里面就一定有

你的错处。一个巴掌能拍得响吗？退一万步说，即使真的没有错，那么因为你和对方发生了矛盾进而伤害了家人的感情，这是不是错呢？所以你只要想道歉，就一定能找出道歉的理由。理解和道歉之后，你再把自己的理由和道理讲出来，对方便会容易接受。

总之，爱人之间难免也会发生口角，但又不是快刀斩乱麻般地断绝情义；在这种“割不断，理还乱”的感情状况下，如果你能调节好情绪，采取正确的方法沟通，那么，是能解决好问题并加深彼此感情的。

情绪调控法：

生命是一个过程，不是一个结果，吵吵闹闹的人生才是真实的。因此，遇到问题而内心压抑时，不妨也采取适度争吵的方式来宣泄内心。

适时忍耐，理性分析征服男人

生活中的年轻女孩，可能你现在尚未结婚，但你肯定在电视剧或父母的感情生活里见到过这样的场景：一对夫妻吵架，很多时候导火索都在女方，而能否息战的主动权也在女人。一个有趣的现象是，很多夫妻争吵到最后，妻子怒气冲冲，丈夫则莫名其妙。比如，很多妻子在工作中遇到问题，回到家闷闷不乐，但丈夫似乎对此无动于衷，她就觉得非常伤心。妻子的想法是：如果他足够爱我，就应该能看出我的需要！但丈夫的想法是：她为什么总是无理取闹？在这种情形下的吵架，其实只是妻子的一种发泄而已。但如果妻子能忍耐一下，然后平心静气地把自己真实的想法说出来，那么，或许能真正起到吵架的作用。

所以，未进入婚姻的女孩，你有必要学好这一课。在婚恋生活中，即便你已怒火冲天，依然要懂得“忍耐”。比如，当你累死累活地打扫卫生时，却看到丈夫在抽烟看报纸，此时你怒火中烧：“你看不到我在忙吗？”这很可能会招致丈夫的反感；但如果你换另一种方式，先忍耐一下，告诉他“你能和我一起打扫厨房吗?”男性天生有乐于“讨好”女性的一面,因而也更愿意满足妻子这样的“请求”,而妻子的目的也就轻松达到了。在解决这一问题之后,如果你再来告诉丈夫,一个男人若能帮妻子分担家务,是一种有魅力的体现,那么,你还用担心下次会因为这一问题而发生分歧吗?

我们先来看看这样一个生活中的场景:

妻子下班回来说:“喂,我今天要做活,你去接孩子,回来做饭!”

丈夫一听也火了:“你没见我正忙着吗?”

妻子也不是等闲之辈:“忙,就你忙,难道这个家的事都我一人包了?”

结果,一来二去两个人就吵起来了,各自装了一肚子怒气。

这样的例子在生活中不胜枚举,从人们的接受心理看,盛气凌人最容易引起对方的反感;妻子希望丈夫做饭、接孩子,完全可以不必要用吵架来解决,忍耐一下,告诉丈夫你需要他的帮助,或许会是不一样的结果。比如:

妻子从单位回来,对正在看书的丈夫说:“晚上我得去单位加班,你去接孩子,回来做饭!”

丈夫一听也火了:“你没见我正忙着吗?”

妻子原本想发火,但一想,还是忍住,于是,她接着说:“我知道你不想让你老婆累死,那今天你能不能帮我接接孩子、再做做饭?”

丈夫说:“行,我这就去。”

这样说不但达到了目的,而且还可使彼此的关系更加和谐融洽。的确,一般情况下,能让人欣然答应的事情,通常是通过商讨的语气来达成的。当你需要丈夫帮助时,切莫用生硬的命令口吻,应委婉柔和一些,撒娇就不失为其中良好的方法之一。

生活中,一些恋人或夫妻为了制约彼此在吵架过程中会意气用事,会制订“吵架公约”。诚然,这是夫妻双方相处的一种技巧。但关于吵架,作为未来的妻子,女孩,你需要学习的还有很多。再恩爱的夫妻之间都会发生冲突,吵架不是问题,问题是怎么吵架。

对此，女孩，面对自己的爱人，如果你能适时扼制一下自己的“口才”，理性一点，忍耐一下，在吵架的过程中本着解决问题的态度，那么，你是能征服男人的。为此，你需要记住以下几点：

（1）将吵架视为双方深入沟通的特殊手段和机遇，要珍惜每次吵架背后的价值，所谓“不吵没用的架”。

（2）先做好心理建设。在挑起纷争之前，自己先做好心理建设，告诉自己是为了解决问题，而不是要跟对方争长短，并考虑用什么方式去向对方表达自己的期待和诉求。

（3）针对事情本身，而不是针对人。“公约”可以帮助你改进“吵架”的技巧，让你变“吵架”为“争论”。

（4）多以“我”为开头，少以“你”为开头。比如，同样一件事情，可以说“我今天为这件事情感到很生气很郁闷”，而不要说“你怎么这么笨！这点事情也做不好？”

（5）情绪发泄和理性分析相结合。吵架是女人宣泄情绪的方式，但请记住，千万不要让战争升级，你一定要给自己和爱人一个台阶，先忍耐，并劝服对方冷静一点，然后两个人坐下来重新分析，说出自己真实的感受，并倾听对方，不再以吵架的情绪讨论问题。

诚然，感情需要的是双方共同的经营，也难免潜伏着两个人的战争，一触即发之际，是火上浇油还是春风化雨，往往决定于女性的言语。有时候，做到忍耐一点，理性分析，不仅能平息争端、掌握主动，还能让你们的婚姻在磨合的过程中更亲密、融洽而快乐。

情绪调控法：

一对沟通良好的爱人，并不是不吵架，而是他们会在吵架中来了解彼此，了解感情中的问题。而生活中，很多女人与男人吵架，却是斗气，这种没有目的、纯为意气的争吵，除了彼此伤害之外，没有任何用处。

参考文献

[1] 张若兰. 女孩情绪密码[M]. 北京:中国纺织出版社,2015.

[2] 张瑞然. 给孩子最棒的情商教育[M]. 青岛:青岛出版社,2013.

[3] 张然. 情商:改变孩子一生的能量书[M]. 北京:中国商业出版社,2013.

[4] 杨涓子. 哈佛女孩心理成长枕边书[M]. 北京:中央编译出版社,2015.

[5] 付瑞娟. 培养高情商的孩子:让孩子受益一生的情绪管理法[M]. 杭州:浙江人民出版社,2014.